昆虫

崔建新　潘鹏亮　张永才　李国宏　著

高清数字绘图训练

中国农业科学技术出版社

图书在版编目（CIP）数据

昆虫高清数字绘图训练 / 崔建新等著. -- 北京：中国
农业科学技术出版社，2023.3
ISBN 978-7-5116-6090-9

Ⅰ. ①…昆　Ⅱ. ①崔…　Ⅲ. ①昆虫－数字化制图
Ⅳ. ① Q96-39

中国版本图书馆 CIP 数据核字（2022）第 239864 号

责任编辑　姚　欢　施睿佳
责任校对　贾若妍　李向荣
责任印制　姜义伟　王思文

出 版 者	中国农业科学技术出版社
	北京市中关村南大街 12 号　　邮编：100081
电　　话	（010）82106631（编辑室）（010）82109702（发行部）
	（010）82109709（读者服务部）
传　　真	（010）82106631
网　　址	https:// castp.caas.cn
经 销 者	各地新华书店
印 刷 者	北京建宏印刷有限公司
开　　本	185 mm×260 mm　1/16
印　　张	14.5
字　　数	330 千字
版　　次	2023 年 3 月第 1 版　2023 年 3 月第 1 次印刷
定　　价	275.00 元

《昆虫高清数字绘图训练》
著者委员会

主 著： 崔建新　潘鹏亮　张永才　李国宏

著作者及撰写章节分工：

崔建新（河南科技学院，01~03 章，06 章 6.1~6.8 部分）

潘鹏亮（信阳农林学院，07~09 章）

张永才（新乡市和谐公园，04~05 章和 10 章）

李国宏（中国林业科学研究院森林生态环境与自然保护研究所，
　　　　04 章部分）

刘红霞（凯里学院，11 章，06 章 6.9 部分）

刘启飞（福建农林大学，06 章 6.10~6.11 部分）

曹亮明（中国林业科学研究院森林生态环境与自然保护研究所，
　　　　06 章 6.12~6.13 部分）

刘启航（河南科技学院，06 章 6.14 部分）

刘志刚（新乡市林业技术推广站，12 章，06 章 6.15 部分）

序

　　一图胜千言，美图传万年。科学绘图是人类科学知识准确传承的重要手段，是科技工作者必备的基本素养之一。昆虫数字彩色绘图是昆虫数字绘图技术的一个重要的分支技术，是昆虫科学绘图技术的新发展，近年来在国内获得了长足的发展。利用这种新兴的昆虫绘图技术可以展现数以万计丰富的色彩，为精确表现昆虫形态提供了一种新的可能。河南科技学院的崔建新博士及其团队在这一领域进行了很好的尝试，先后开展了多次昆虫数字绘图新技术培训，为中国农业大学、首都师范大学、重庆师范大学、河北大学、河南农业大学、信阳农林学院、内蒙古师范大学、重庆大学、西华大学、广西大学等大学及相关科研机构的教学科研人员及博士、硕士研究生提供了技术培训，有力地促进了他们的科研与教学工作。

　　在昆虫科普方面，利用这种新技术绘制富有视觉冲击的昆虫图片进行科学普及工作更具优势。崔建新带领团队在河南新乡、洛阳等多个城市开展了大型的昆虫数字绘图的科普展览；展览中数字昆虫图片以丰富细腻的技术完美地表现了昆虫体表复杂的形态特征，充分展现了昆虫历经亿万年进化后的形态多样性，是生物多样性教育很好的素材；参观昆虫数字彩色图片展的青少年学生和其他社会各界人士兴致勃勃，络绎不绝，仅在河南省的博物馆和展览馆展览现场参观的观众就达 10 余万人，并在当地中小学学生中掀起一股昆虫热。

本书是作者多年来探索昆虫数字彩色绘图技术的经验总结，比较详细地向读者介绍了昆虫数字绘图的过程，包括软件和硬件的安装与测试，昆虫触角、足、体躯各部分线稿的绘制、上色技巧、立体感的表现，图片保存与应用技巧，数字版权的保护等章节；书中步骤可操作性强，在章节次序安排上体现了由简单到复杂的认知过程，很适合开展昆虫基础教育的大学生及研究生使用，也适合初探者自学。如果结合显微镜图片影像采集技术，昆虫工作者和爱好者利用一块数位板在个人电脑上就可以很快地掌握这项技术。在互联网技术的支持下，数字绘图技术为数字昆虫图片作品提供了广阔的发展平台，相信今后还会有更大的发展空间。

本书的主要著作者崔建新、潘鹏亮、刘红霞、曹亮明、刘启飞等博士曾是我的学生，我很高兴看到他们在科学绘图方面取得了阶段性成绩。我衷心希望本书的出版能促进更多的昆虫工作者和爱好者高效地创制出精美的昆虫科学绘图佳作，在教学、科研、科学普及等方面发挥更大的作用。

彩万志

2023 年 1 月 6 日

目 录

07　数字绘图提高——体躯细节表现与上色方法 / 129

08　特殊体表结构的表现 / 168

11 图片保存与应用技巧 / 201

12 数字版权的保护 / 206

参考文献 / 212

后 记 / 216

01 绪 论

    昆虫数字绘图技术是昆虫科学绘图技术和动漫绘图技术相结合后产生的一种新的昆虫科学绘图技术。这种技术随着计算机图像处理技术的发展而产生，距今历史不过30年，国内出现的时间更短。但可以看到的是，这种数字绘图技术具有很强的实用性，对昆虫学乃至其他动物学的信息交流有着重要意义。

    科学绘图主要以线条来造型，线条的质量直接决定了绘图的质量，在传统手绘中，想要画出完美的线条需要高超的技巧。而数字绘图使绘制线稿变得更加容易，即使没有绘画技术的人也可以借助矢量绘图软件轻松绘制出平滑的线条。绘图过程中最重要且最耗费精力的步骤是起稿，草稿决定了绘图的准确性，传统手绘通过网格纸或转描仪绘制草稿，不仅费时费力，且容易用眼过度。而借助显微摄像机则可以省去绘制铅笔稿的步骤，通过把数码照片或把摄像机采集到的实时图像作为底稿，可以直接在绘图软件中进行勾线。对于虫体上的毛、刺等结构，可以制作专门的笔刷进行绘制，能够极大地提升绘图速度。黑白科学图通常使用点来体现结构的立体感，但打点衬阴需要花费大量的时间，利用新近出现的网点生成技术可以高效地提升打点衬阴的效率。

    提高单位面积像素密度和增大画布尺寸的方法能设置画布像素，可以完成高清数字绘图。画布和像素密度的增加又不能是完全随意的，由于绘制过程中不断增加的图层会使得整个文件的大小几何倍数地增大，对计算机内存的要求会迅速提高，随着绘图过程的进行，最终系统无法承受导致死机，造成图像文件的损坏。

    数字绘图图像的色彩是极度丰富的，可以通过选色器结合色轮对原始采集的图像进行颜色的组成分析，得到红、绿、蓝光学三原色的色值，然后结合饱和度和亮度的变化，可以完成色彩的基本参数的确定。通过一定的训练，可以使绘图人较为准确地选出恰当的颜色。结合已经完成的线稿，利用选区设置可以对整个图像进行色块的分割，在不同的图层完成不同色块的颜色填充。同时对线条的颜色也可以进行颜色的重新定义。结合高光、衬阴、反光和总体色调平衡等明暗处理技术，最终可以得到色彩逼真的高清数字绘图作品（图1）。

菜单栏

图层模式

锁定图层
不透明度

新建图层

图层

色轮

笔刷

笔刷设置

画布

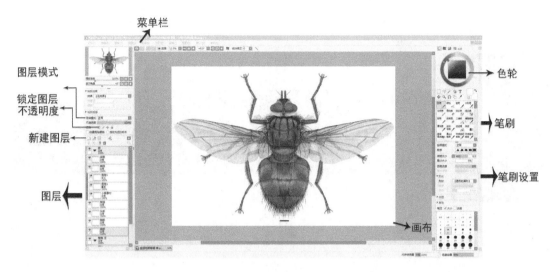

图 1 Easy Paint Tool SAI 软件绘图界面（仿李丹，2020）

1.1 数字绘图技术的优势

数字绘图技术作品的突出特点是图像细腻、色泽逼真，最终作品具有很强的实用性。在绘制过程中，多种绘图素材可以进行重复利用，大大提高绘图的效率。绘制的数字绘图作品便于网络传播。数字绘图作品的保存非常方便，只需一个优盘或硬盘即可放置数百幅甚至数千幅的作品，而传统绘画作品的储藏、保存和携带都很不方便。复制方便、传播迅速、影响范围广是数字绘图作品的极大优势，但如果科学绘图本身发生了错误，其产生的后果也非常严重，完全消除其错误影响的代价也相当巨大。

将数字绘图与传统绘图相比较，绘图用的纸变成了绘图板，画笔变成了感压笔，绘制的图片为数字图片，可以在手机、电脑上直接观看。数字绘图作品对原始图像信息进行了筛选、强调、忽略等处理，可以较为全面地反映昆虫的形态特征。传统绘图作品在绘制过程中一旦发生操作失误，临时补救往往比较困难。数字绘图作品在绘图过程中的错误可以随时修改，只要按一下返回键即可恢复错误发生前的状态，其容错率比传统绘图作品高。另外，数字绘图作品是永不褪色的，只要拷贝文件储存得当，数字图片文件利用绘图软件重新打开即可复原。而传统绘图作品放置数十年至数百年后，由于基质材料或涂料的某些成分因氧化或潮解，会导致作品图像褪色或变色，这种情况对于传统绘图作品几乎是无法避免的。数字绘图作品的拷贝非常方便，可以轻松复制同样的图片，利用网络技术同时发给全球不同地域成百上千的用户。不过完成一幅数字绘图作品耗时很长，通常数周至数月，高像素的作品尤其如此。

1.2 昆虫物种的多样性与分类工作难点

昆虫的物种多样性突出，其数量可能超过 5 000 万种，多数学者认为很多昆虫物种会在被人类发现以前就灭绝了。目前，人类已知的昆虫物种数量大约在 110 万种。昆虫物种的发现与命名始终是昆虫学研究的核心问题。

以熊蜂为例，全世界已知的熊蜂种类 500 余种，然而熊蜂的异名数量高达 3 000 个以上，90% 以上的异名严重干扰着熊蜂的科学鉴定。这只是昆虫分类科学发展所面临的困境中比较特殊的一个例子，其他昆虫类群也都或多或少地存在异名的干扰问题。那么，形成众多异名的原因是什么呢？这需要了解一下昆虫命名的方法和历史。大约 250 年前，国际上已经普遍接受了林奈发明的基于拉丁语的 2 个单词构成的双名法作为动植物命名的方法。以 1758 年为界，其后发表的新物种的名称按照时间的先后确定优先率，以此来保证动植物名称的唯一性。后出现的名称为异名，均作为无效名称，一经确认即被放弃。早期的动植物名称一般都用拉丁语来命名，后期动物和植物的命名规则发生了不同的变化。植物学名的确定始终采用拉丁语作为唯一语言来命名，并进行原始特征的描述。动物学名则可以利用其他拉丁化的语言进行命名，而物种特征描述的语言则可采用各国的文字。

在现代拉丁语世界，不同语言的词形和语音都有差异，人们对其的理解容易产生较大的偏差。同种昆虫在不同地理环境下的色斑变异、微小的形态差异、季节变异、性别差异、不同生态类型的差异、种内不同的级型分化、不同个体体型大小的差异、有性世代和无性世代的形态差异，使得全面认知一种昆虫的各种形态变化成为一件较为复杂的事情。当世界不同地点的专家对一个物种进行描述和定名时，由于查看模式标本的困难，仅仅根据有限的文字进行区分判断，因此便形成了众多的异名。模式标本重要形态信息的交流困难是造成异名现象的最为重要的原因。

超过 100 个种的属通常叫作庞属，特别是在昆虫纲中有大量的庞属，如窄吉丁属包含 3 000 种以上的物种，使得核对其所有同属的种类几乎成为无法完成的任务，由此产生许多异名，导致后来的新种命名和老种的核定都非常困难。近年来，属级单元的超小型化又造成了另外一种极端，这种情况的属通常只有一到几个物种，使得属的数量迅速膨胀，不同属间的横向比较又成为一种新的困难。凡此种种，对昆虫命名与描述研究造成了极大的困难，一些分类专家认为按照现有的物种命名速度，200~300 年也无法完成全部昆虫物种的命名与描述工作。

1.3 昆虫高清数字绘图技术发展的历史机遇

在绘制昆虫高清数字绘图作品的过程中，通过放大图像可以绘制昆虫整体不同部位的细节，表现极为丰富的细微形态特征。通过不懈努力，我国有可能利用基层人员众多的优势迅速地完成国内甚至世界所有昆虫物种的高清数字绘图的绘制，在此基础上建立全新开发的数字模式标本图库，扭转昆虫命名与描述工作的困境，推动我国的昆虫多样性保护及利用事业的健康发展，同时为整个昆虫学可持续发展提供坚强基础。通过这种新型的模式特征信息交流方式，不同地域的昆虫学者不仅可以方便快捷地核对形态差异较大的昆虫类别，也可以方便地检查一个属内或亚属内细微特征的差异，极大程度地避免异名的形成。

利用昆虫高清数字绘图的技术培训与推广，同时配合标本采集大协作、标本整理加工与储藏大协作、标本数字高清绘图大协作、鉴定资料翻译大协作、标本鉴定大协作、定名数字标本库建设大协作。

建立自上而下的全国性和地区性的昆虫数字标本绘图中心变得非常必要，在各个绘图中心之间开展人员交流互换、技术培训和研发，以及相关的科普、昆虫资源普查，逐渐汇集全国的资源，最后整合成国家级的高清数字绘图图片库，为国内昆虫学的健康发展和国家开发昆虫这一新型生物资源提供技术支撑。没有世界范围的昆虫物种形态信息的汇总，仅着眼于国内来解决昆虫的命名和描述是不可能的，因为任何时代的昆虫知识系统很大程度上是来自全球昆虫的总体认知水平，脱离了这一总体认知，单独对某一国的昆虫资源的准确辨识是无法完成的。在此基础上，还可在世界各大洲的生物多样性热点地区，建设一批我国主导的昆虫资源调查和数字高清绘图工作站，提供全球昆虫物种的基础影像信息，为我国开发更高级的昆虫名录、昆虫鉴定检索表、昆虫模式标本库和定名标本库等战略资源提供可靠保证。

目前，国产的显微镜成像系统价格优势非常明显，已经具备了全面普及的条件。然而绘图技术培训的师资、总体战略规划人员，以及科学完整高效的任务规划和管理还需要重点筹划。

1.4　昆虫数字绘图技术的发展与利用

数字图像绘图软件目前应用最广、设计最成熟的是 Photoshop 和 Easy Paint Tool SAI（以下简称"SAI"），分别是美国和日本的高科技公司开发的，几乎垄断了国内的绘图软件市场。笔者建议我国相关部门可以考虑设置优惠的条件促进国内绘图软件开发公司的成长，避免我国在数字图像生产领域的知识产权纠纷。

图像采集设备目前的困难是开发大景深的实体显微镜和成像系统，在技术层面我国厦门的麦克奥迪实业集团有限公司（MOTIC CHINA GROUP CO., LTD.）已经具备相当的研发能力，目前受限的原因是市场不足。这同样需要我国在全国范围的总体规划和布局，建成各地区的昆虫数字绘图中心后，加大这一高科技产品的市场。

目前，数字绘图作品的产权保护是比较困难的，目前还没有特别有效的办法。通常作者会保留一份最高清的原图，对外使用或应用时使用低清晰度的拷贝，在发生产权争议时，可以证明自己是作品的原作者。但是，作品的侵权使用可能在全球任何场所随时发生，数字作品的原作者往往是无能为力的，因为原作者很难知道侵权的发生。即使知道发生了侵权，也要考虑维权的成本，由于时间成本过大，放弃索赔是非常常见的。目前，与数字著作权相关的法律法规制度仍不完善。因此，建议健全数字版权保护法律制度，确保数字作品的可持续发展。

高清的昆虫数字绘图作品不仅有科学研究的价值，还有相当的美学价值。经过亿万年进化的各种微小昆虫，通常具有华丽灿烂的各种体表结构特化，是美学形象开发的重要的灵感源泉。根据昆虫高清数字绘图作品可以制作大型的彩色展览图片、动漫影视作品、3D 特效视听产品，以及各种工艺品，这些结合科学的美育素材对提高我国国民的美学素养、科学素养、审美水平有重要价值，在此基础上，通过更加细致的科普进校园活动，完成人才培育和昆虫科学普及的工作，同时带来更大的市场规模，推动这一高科技产品的广泛应用，最终给我国经济社会发展带来新的动力。

1.5　致　谢

本书的完成得到中国农业大学彩万志教授的大力支持和鼓励，在此致以崇高的敬意。还要感谢河南农业大学闫凤鸣教授、尹新明教授，河南省农业科学院植物保护研究所的鲁传涛研究员、封洪强研究员，河南师范大学牛瑶教授的帮助，在此一并致谢。在资金上本书得到河南科技学院 2022 年教师教育课程改革研究项目"生物数字绘图技术在中小学科学教育实践中的应用"、中央级公益性科研院所基本科研业务费专项资金"森林生态定位站昆虫信息专题数据库建设"（CAFYBB2022SY025）的资助。

02 软件和硬件的安装与测试

操作系统一般利用 Windows7 及以上系统，图像处理软件为 Photoshop 和 SAI 软件。

电脑可以选用组装 PC 机，中央处理器为英特尔酷睿 2 双核 E7500，主频为 2.93 GHz。随机存储器建议在 8G 以上。显微镜为三锵泰达三目实体显微镜及配套工业相机。数位板采用日本 Wacom 公司 PTH-860 型号。绘图软件为日本 SYSTEMAX Software Development 公司的 Easy Paint Tool SAI。扫描仪为联想公司的 Lenovo M7020 型号。

2.1 图像采集系统

图像采集系统包括实体显微镜、数字工业相机、显示屏、照明灯等构造，按照说明书推荐方法进行安装。利用三目实体显微镜对视野下的昆虫进行图像采集，记录图片名、放大倍数，图片保存为 jpg 格式（图 2）。

2.2 绘图软件

使用范围最广的绘图软件是 Photoshop 软件，不同年代有不同版本，选用最新版本即可。连接数位板后（图 3），打开 Photoshop 软件，新建一个图像文件，使用画笔在画布上尝试画个红色的曲线（图 4）。不同版本的 Photoshop 软件（此处采用

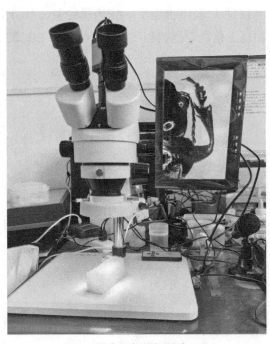

图 2 甲虫局部特征图像采集

Photoshop 8.0.1 和 Photoshop 20.0.4）运行界面略有差异（图4、图5）。不同的 SAI 软件（此处采用 SAI2）的运行界面也有一些差异，但主要的按钮和功能都是相同的（图6）。注意 SAI2 或 Photoshop 软件驱动的安装，按照官网推荐方法安装，采用正版软件运行，可靠性和稳定性更好。

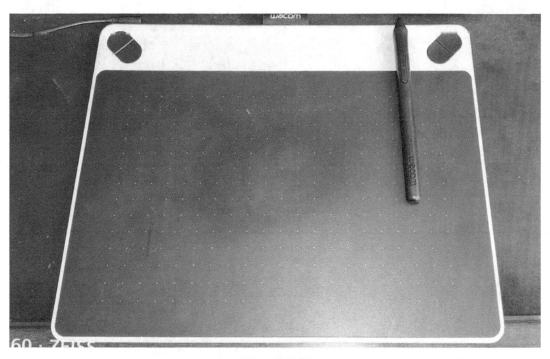

图3　数位板

图4　Photoshop 软件版本 8.0.1 运行界面

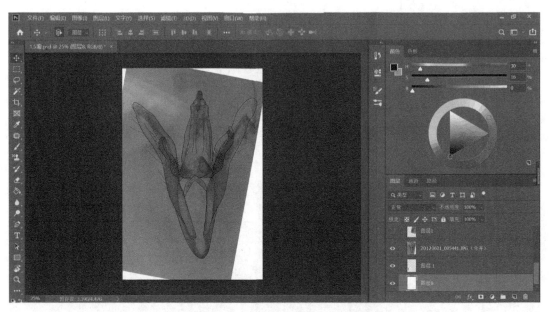

图 5　Photoshop 软件版本 20.0.4 运行界面

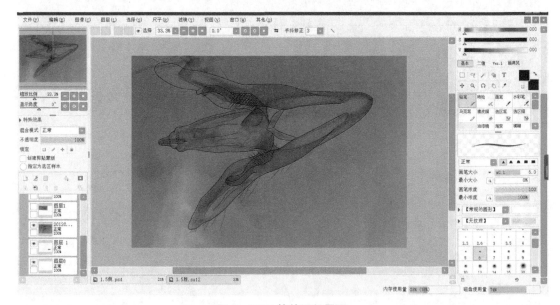

图 6　SAI2 软件运行界面

2.3　SETUNA 屏幕截图软件

SETUNA 是一款实用的屏幕截图参考小工具，其安装包不到 2MB。屏幕截图并以独立窗口显示在最前面，可用于文档对比查看，也可用于参考图查看等。并且多窗口查看时不需要为了避免重叠分别缩小，可以减少 Alt+Tab 切换频率。

03 触角绘图方法

3.1 SAI 快捷键的使用方法介绍

最常使用的快捷键包括：

Ctrl+Z：撤销　　　Ctrl+S：保存　　　]：笔刷变大　　　[：笔刷变小

Ctrl+Alt+ 鼠标左键拖动：调整笔刷大小　　　Alt+ 空格：任意旋转画布

空格 + 数位笔 / 鼠标：任意移动画布　　　Shift+ 数位笔 / 鼠标：直线绘制

Ctrl+T：自由变换　　　Alt+ 左键：取色　　　Ctrl+ 数位笔 / 鼠标：移动当前图层

使用时，同时下按键盘上的相关按键，配合绘图笔的使用，即可完成相应操作。

3.2 触角图像的采集

不同的昆虫触角形态特点不同，死亡前后的状态也不同。要根据标本的状态，灵活地采集触角图片。如天蛾触角较长，一次拍摄不下，可以对天蛾的触角取端部、中部、基部3 个图像，各部分的图像应有 50% 以上的重叠，在拍照过程中注意天蛾触角应保持在同一水平面，对焦清晰后进行拍摄和命名。对触角各段的图片添加标尺（图 7）。

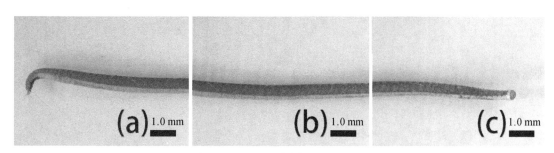

（a）触角端部；（b）触角中部；（c）触角基部。

图 7　拼合前的天蛾触角

　　拍照完成后需要用图片处理软件把已拍摄的标本各个零件合成拼接起来，这里介绍利用 Photoshop 合成照片的方法。①启动 Photoshop，点击文件—脚本—将文件载入堆栈，浏览—选择需要拼接的零件照片—确定载入。②按住"Shift"键选中右下角图层内载入的待拼接的全部图片，点击编辑—自动对齐图层—投影参数自动—镜头校正参数晕影去除—确定。此时的图片为多个图层叠加的状态，需要进一步合成图片。③选择编辑—自动混合图层—混合方式（选择全景图参数）勾选无缝色调调和颜色和内容识别填充—点击确定，此时按"Ctrl+D"取消选区，表示照片已完成合成。选择图层工具面板中的拼图残留，删掉以节省空间。合并完成的图层命名为"天蛾触角"。图片拼接完成后需要加上标尺（图 8）。

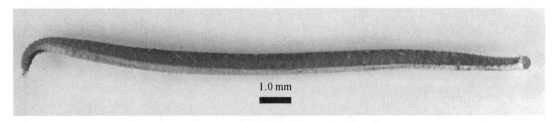

1.0 mm

图 8　拼合后的天蛾触角

　　类似的，也可完成同蟥触角的图像采集和拼合（图 9）。

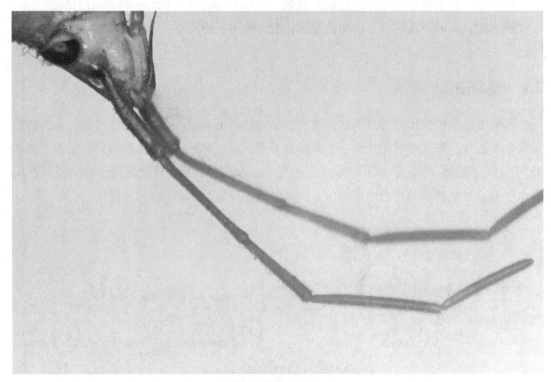

图 9　同蟥的触角

3.3 触角线稿的绘制

启动 SAI 软件，此软件和 SAI2 软件安装和使用方法大同小异。打开"同蟳的触角 .jpg"图片，另存为 psd 格式，此时的工作界面类似于图 1。用鼠标双击"图层 1"，将含有触角图片的原始图层命名为"触角原稿"，点击"新建图层"，将其命名为"触角线稿"（图 10）。

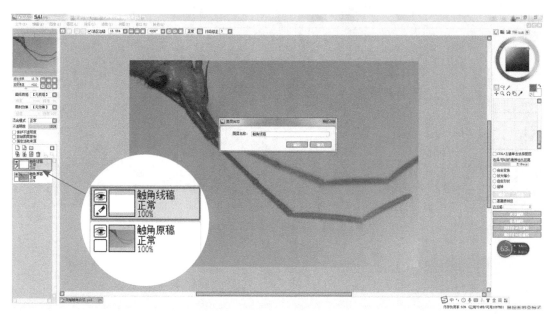

图 10 同蟳的触角线稿图层命名

图层命名完成后，敲击键盘"N"键，工作界面右侧弹出"铅笔"工具（图 11）。用感应笔点击最大直径"4"按钮，其他参数见图 11。

将"触角线稿"图层的不透明度设置为 60%。同时压下"Alt"键和"空格"键，记作压下"Alt+ 空格"，用感应笔点击触角图像的边缘外侧，在数位板上向下滑动感应笔尖，"触角原稿"图层会转动，调整到 75° 左右（图 12）。

用感应笔尖点击色轮左下角，选择黑色（图 13），此时背景色为白色，前景色为黑色，笔尖滑动后的颜色即改为黑色。

同时压下"Ctrl+ 空格"，并用感应笔尖点击触角基，图片会放大，点击数下，调整到合适大小，以可以看清细节为准（图 13）。

压下"空格"键，并用感应笔尖接触数位板，向下滑动，图片会拖向下方，把触角基调整到界面中心。此时，可以清晰地观察到触角基的形态。

将感应笔尖沿触角的轮廓轻轻滑动，在"触角线稿"图层绘出触角基的轮廓。然后把触角第 1 节基部左右两侧的轮廓线描出（图 14）。

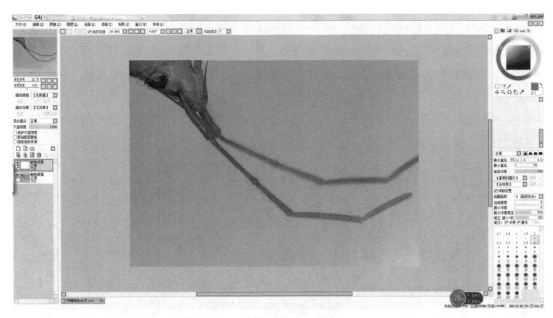

图 11 "铅笔"工具的使用

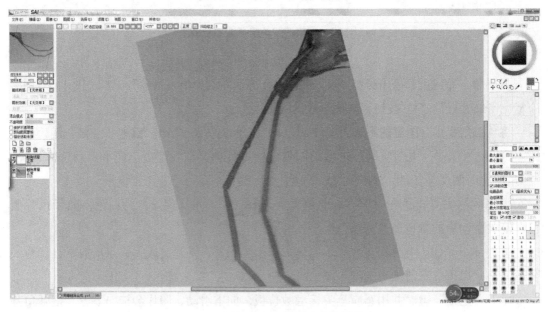

图 12 触角原稿及线稿图层的旋转

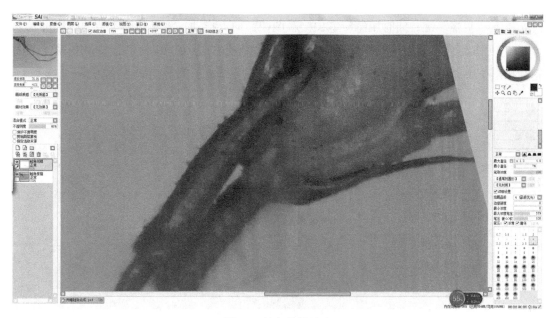

图 13　触角基的放大

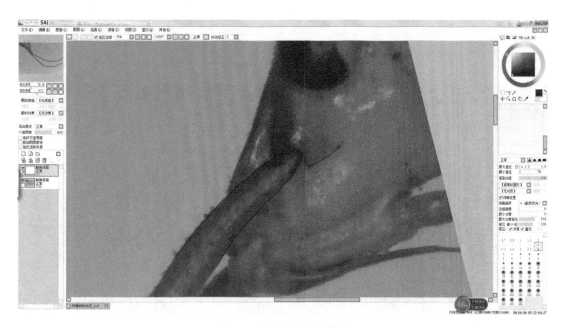

图 14　触角基轮廓的描绘

3.4 触角的分节

压下"空格"键，同时用感应笔尖接触图像，向上拖动，将触角第 1 节的端半部暴露（图 15）。移动感应笔尖至线稿线条中断处，随着触角的边缘继续滑动，将触角第 1 节的轮廓描出（图 16）。

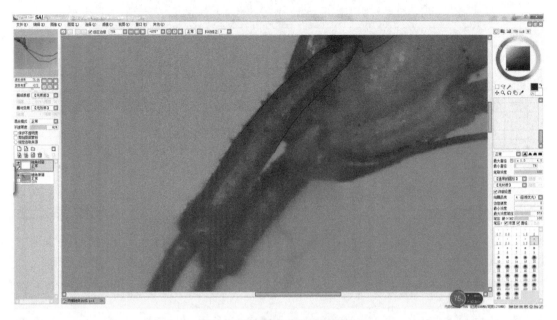

图 15　触角第 1 节位置的调整

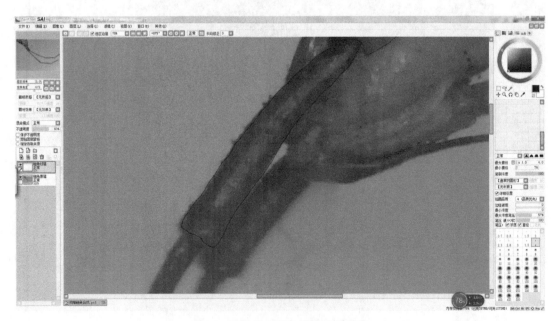

图 16　触角第 1 节轮廓的补充描绘

类似操作，依次向上拖动图像，将触角第 2~5 节绘出（图 17）。用感应笔点击"触角原稿"图层按钮左侧的"眼睛"，可以隐藏"触角原稿"，显示"触角线稿"（图 18）。再次点击"眼睛"，"触角原稿"重新恢复可见。然后同时按压"Ctrl+S"，可以快捷地保存图片。

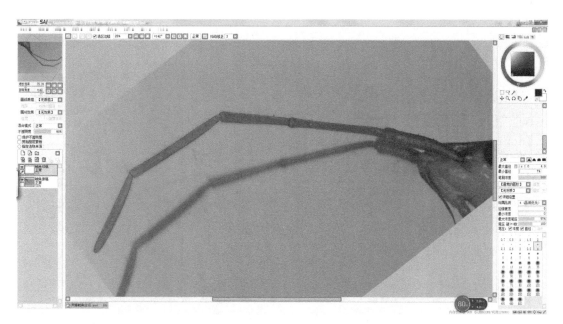

图 17　触角第 2~5 节轮廓的描绘

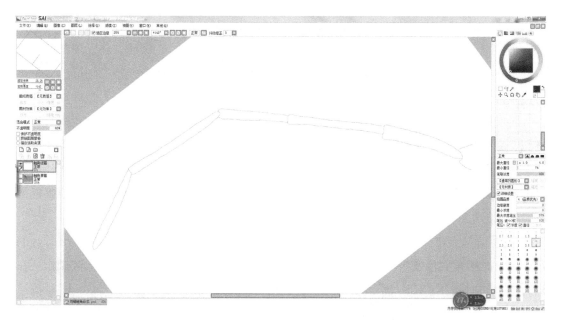

图 18　触角原稿的隐藏

3.5 触角底色的添加

新建图层"触角底色"。用感应笔点击选择"魔棒"工具，然后再用感应笔尖依次点击5节触角内的封闭区域，被选中的区域变为蓝色，没被选中的区域仍然显示白色（图19）。

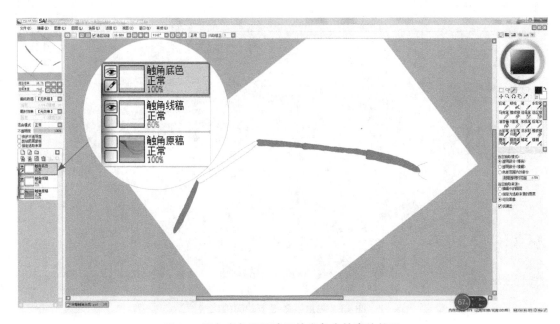

图19 触角底色图层选区的准备中的意外状况

同时压下"Ctrl+空格"放大图像，仔细检查第4节触角的轮廓线，在发现断口的地方补上缺损的线条（图20）。注意补描线条时，用感应笔点击"触角线稿"图层后，再进行描线操作，否则所描的线条将出现在"触角底色"图层上，仍然无法进行选区准备。

再次用感应笔点击选择"魔棒"工具，然后再用感应笔尖依次点击5节触角内的封闭区域，完成触角底色选区的准备（图21）。

用感应笔点击工作界面右侧的色轮，选择深棕色，然后点击色轮中心的方块，使前景色的颜色和触角原稿中的色泽尽量接近，完成触角底色的选色。此时选区原有的蓝色消失，选区的边缘为闪烁的线条（图22）。

用感应笔点击"油漆桶"工具，然后再用感应笔尖点击"触角底色"图层准备好的选区，这时触角底色变为深棕色（图23）。此时触角边缘仍然在闪烁，表示选区操作还在进行中。同时按压"Ctrl+D"，取消选区，此时触角的边缘不再闪烁（图24）。同时按压"Ctrl+S"，保存图片。

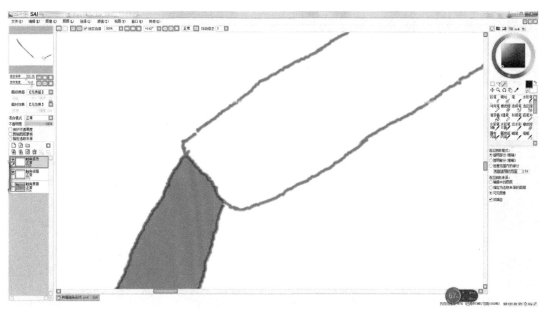

图 20　触角第 4 节端部上方线条的缺损

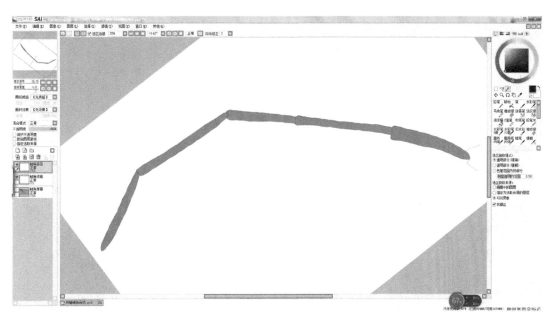

图 21　触角底色图层选区的准备

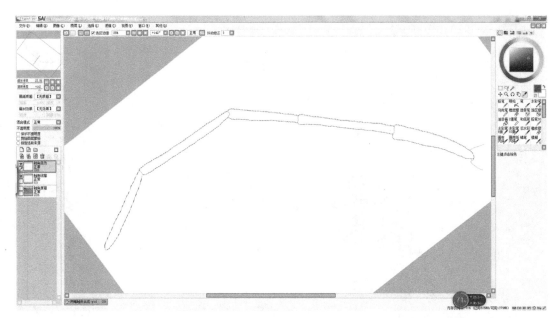

图 22　触角底色的选色

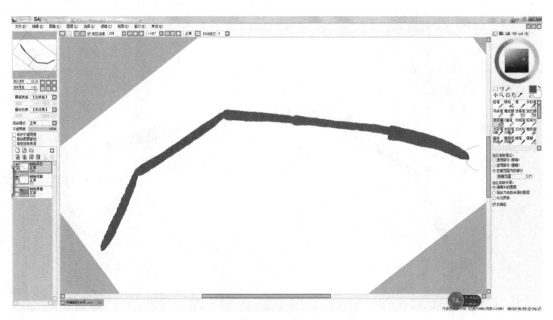

图 23　触角底色的添加

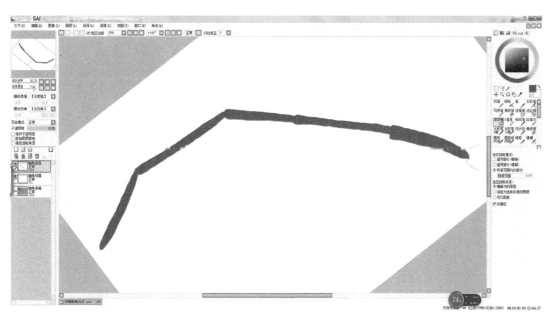

图 24　触角底色选区的撤销

3.6　衬阴处理

　　用感应笔尖直接拖动"触角线稿"图层，将其移动到"触角底色"图层上方。然后再用感应笔尖点击工作界面左侧的"触角底色"图层，接着用感应笔尖再次点击"新建图层"按钮。同时压下"Alt+ 空格"，用感应笔尖在白色的画布外面滑动，把触角旋转成自然姿态角度（图 25）。用鼠标双击刚刚建立的新建图层，弹出"图层名称"对话框，将图层名称命名为"衬阴"，然后点击"确定"按钮（图 26）。

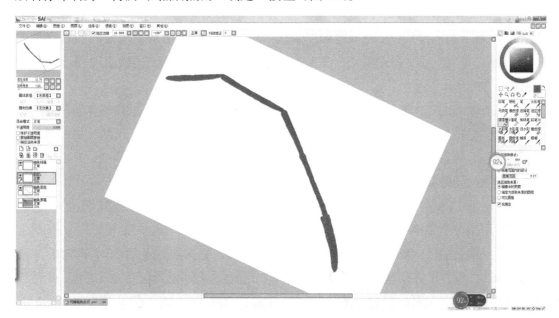

图 25　调整触角为自然姿态

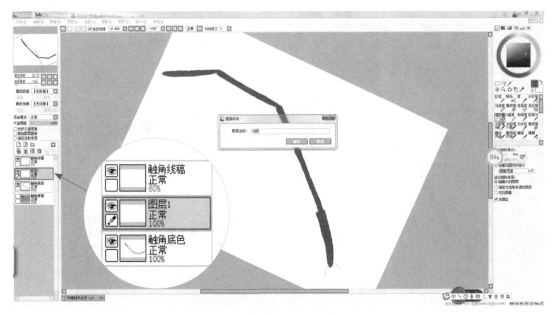

图 26　新建衬阴图层

　　用感应笔尖点击"触角原稿"图层左侧的"眼睛"，使该图层显现。再用感应笔尖点击工作界面右侧"取色器"，然后点击触角基部绿色区域，将前景色改为绿色。用鼠标点击工作界面左侧的"剪贴图层蒙板"，然后再用鼠标点击工作界面右侧的"喷枪"工具，调节笔刷最大直径为 200 像素，在蒙板图层上将触角第 1 节涂改为绿色（图 27）。此时喷涂的绿色仅在触角范围内可见，涂在触角外侧的部分看不见。

　　用鼠标点击色轮上方的"HSV 滑块"按钮，使 HSV 滑块显露在色轮下方（图 27）。这里的 H 表示颜色滑块，S 表示饱和度滑块，V 表示明暗度滑块。当前的明暗度值为062，用感应笔尖点击，向左滑动，改为 030，再用"喷枪"工具把触角第 2 节上色为墨绿色（图 28）。

　　用感应笔点击工作面板右侧的"取色器"，然后用感应笔尖点击触角第 4 节显露的褐色部分，调整前景色为褐色，然后用感应笔尖滑动"HSV 滑块"的 H 滑块，将前景色调整为黄褐色，再用"喷枪"工具把第 5 节触角基部 1/4 喷涂为黄褐色（图 29）。此时触角各节的颜色差异即可表现出来。

　　同时压下"Ctrl+ 空格"，并用感应笔尖点击第 1 节触角，使之放大；然后压下"空格"键，同时用感应笔尖接触数位板，把第 1 节触角拖到工作界面中心位置（图 30）。用感应笔尖轻触"取色器"，点击触角第 1 节中部的绿色部分，把前景色改为绿色。此时的 V 滑块仍在 062 位置，用感应笔尖轻点向左滑动到 030 位置，此时前景色变为暗绿色。用感应笔尖点击"喷枪"工具，把最大直径改为 50 像素，调整笔尖形状为"山峰"形，然后在第 1 节触角左右两侧边缘部分喷涂上色。注意右侧的喷涂宽度可以略宽于左侧（图 31）。

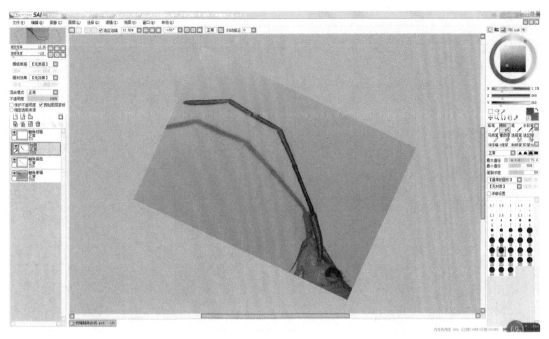

图 27　显示 HSV 滑块

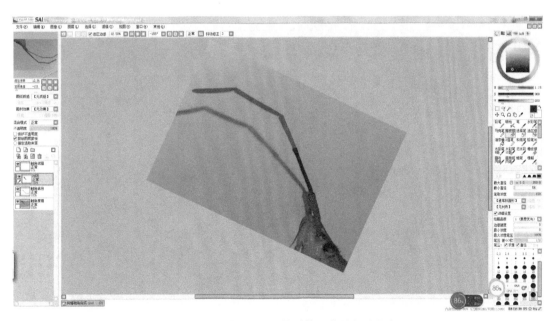

图 28　利用"喷枪"工具对第 2 节触角的上色

图 29 触角各节色泽的修正

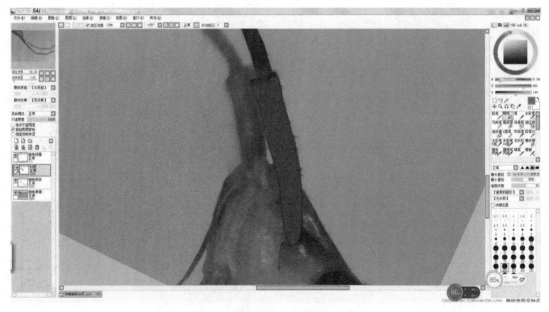

图 30 触角第 1 节衬阴前的准备

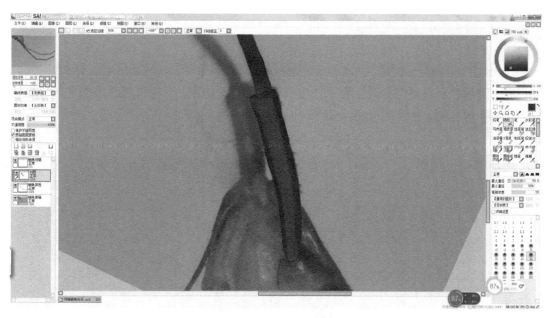

图31 触角第1节的衬阴

3.7 高光处理

用感应笔尖将"HSV滑块"的V滑块向右滑到180位置，此时为高亮位置，选择笔刷最大直径为20像素，选用"喷枪"工具，在第1节触角中部从基部到端部轻轻喷涂，不宜过于规则（图32）。

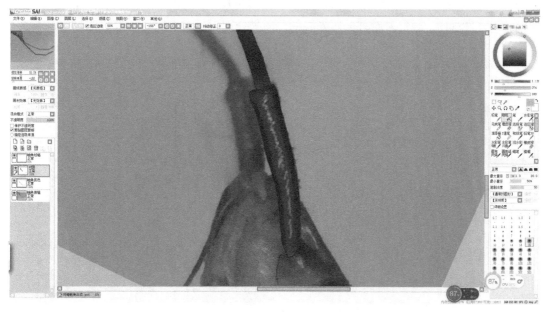

图32 触角第1节的高光处理

3.8 高光与衬阴的过渡

用感应笔尖选取"模糊"工具，将笔刷最大直径选为 30，在两侧深色衬阴的内侧滑动，将边界模糊；再将笔刷最大直径选为 10 像素或 15 像素，在中间浅色高光区的边缘滑动，进行边界模糊处理（图 33）。

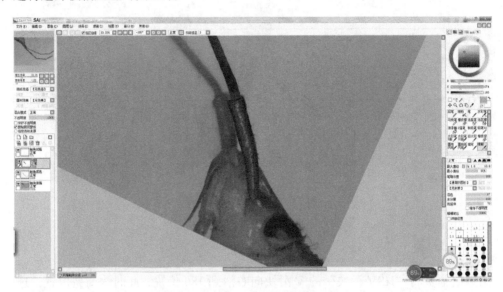

图 33　触角第 1 节的明暗过渡处理

类似的，对触角其他节进行衬阴和高光处理，注意选色时先选取该位置的基本色，然后对"HSV 滑块"的 V 滑块进行调整，在衬阴时选用深色前景色，在高光处理时选用浅色前景色（图 34）。触角表面有金属光泽的，高光处理后，在最高光的部分可以白色点涂。

图 34　触角第 2~5 节的衬阴与高光处理

3.9　毛的添加

　　隐藏"衬阴"图层和"触角底色"图层。在"触角线稿"上方添加新图层，命名为"毛"。压下"Alt"键，改为"取色"工具，用感应笔尖在色轮中的方块上点击左下角，将前景色变为黑色。按压"N"键，改为"铅笔"工具，选择最大直径为5像素，在铅笔属性中把笔尖形状选择为"圆顶帽"形，在触角上添加刚毛。注意随时查看标本，注意刚毛的稀疏、相对于触角直径的长短，在触角边缘的毛还要注意毛与触角中轴的夹角。画刚毛时，先画毛根，顺着毛的方向滑动感应笔尖，同时快速减轻手部的压力，直到毛尖位置，感应笔尖快速脱离数位板。触角原稿可以随时隐藏和打开，便于检查毛的形态、长短、角度，进行核对（图35）。

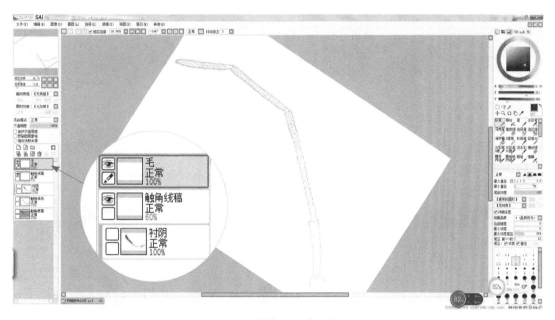

图 35　触角刚毛的画法

3.10　毛色的调整

　　同时压下"Ctrl+U"，对毛图层的色相和饱和度进行调整，把毛的颜色调成金黄色。然后点击"确定"（图36）。

　　把"触角线稿""触角底色""衬阴"3个图层都调为显示模式。注意操作界面左侧几个图层左侧的"眼睛"为显示状态。然后同时压下"Ctrl+S"，保存文件。触角的绘制就完成了（图37）。

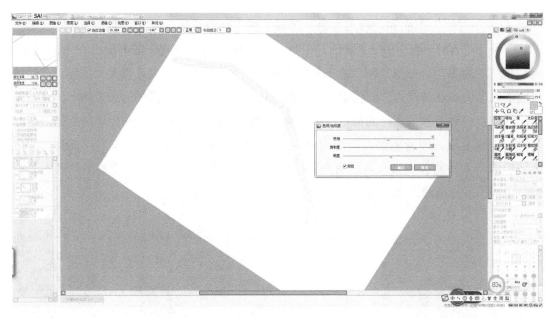

图 36　触角刚毛的颜色的调整

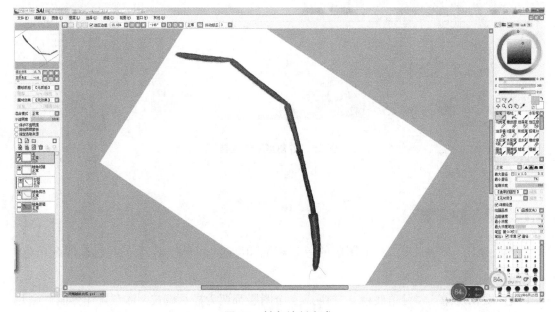

图 37　触角绘制完成

04 前足绘图方法

4.1 标尺的制作

　　把尺子放在显微镜下，拍下不同放大倍数下尺子的刻度。打开 SAI 软件，新建文件并命名为"标尺"，把拍好的不同物镜倍数的尺子照片全部复制到该画布中。用"矩形选框"拉出每一个倍数下 1 mm 的长度，并用油漆桶填充成黑色或白色，在旁边标上放大倍数，制作出不同倍数下的标尺（图 38）。倍数过大时，标尺长度可改为 0.5 mm。

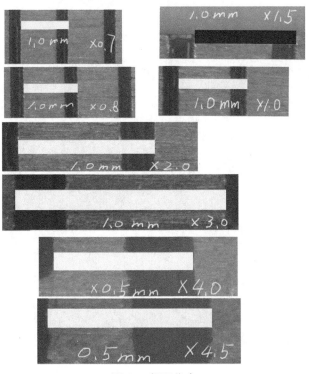

图 38　标尺集合

4.2　足图像的采集

　　把连续变倍实体显微镜的物镜旋钮调整到 0.7 倍，在显示器上对焦清楚后，对各足的股节、胫节、跗节采集图像，并命名。如某一结构过大，无法一次拍摄时，可以分段拍摄。图像采集时，注意确保所有拍摄部位在一个水平面上（图 39、图 40）。

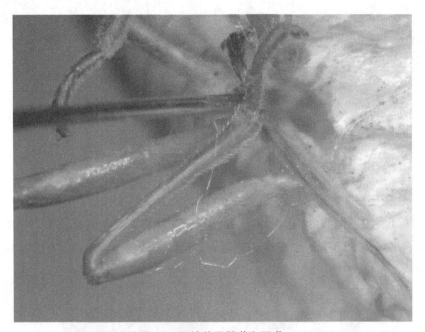

图 39　同蝽前足股节和胫节

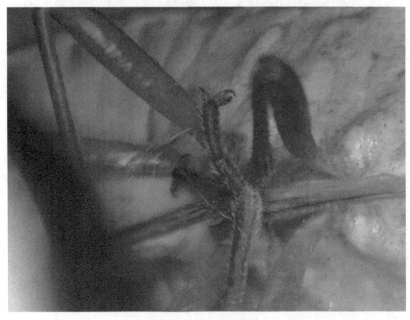

图 40　同蝽前足跗节

4.3 足线稿和刚毛的绘制

打开 SAI，导入前足股节和胫节图片及前足跗节图片，在操作界面可以看到前足跗节（图 41）。同时压下"Ctrl+A"，可以选中整个图片，然后同时压下"Ctrl+C"，将图片保存到剪切板上。用鼠标点击操作界面下方左侧的另一图片按钮，打开"前足股胫节"图片。同时新建一个图层，命名为"前足线稿"。双击前足股胫节图层，命名为"前足股胫原稿"。同时压下"Ctrl+V"，把剪切板中的前足跗节拷贝进来，这时会自动产生一个新图层，双击后弹出"图层命名"对话框，将其命名为"前足跗节原稿"。

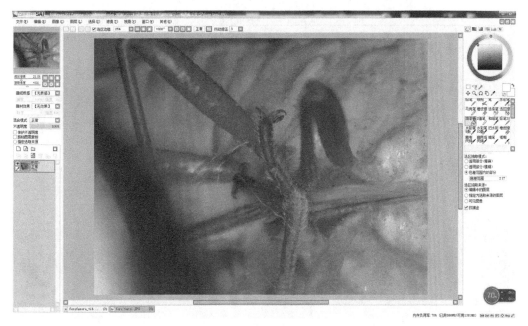

图 41　导入 SAI 同蝽前足股胫节和跗节 2 个图片

点击操作界面下方右侧的"fore tarsi"按钮，关闭前足跗节图片，以节省磁盘空间。此时显露前足股胫节图片。点击"前足跗节原稿"图层左侧的"眼睛"，"眼睛"图案消失，此时该图层被隐藏不可见。用鼠标点击"前足股胫线稿"图层，就可以开始起稿了。

用感应笔尖点击工作界面右侧的"铅笔"工具，笔尖直径选 5 像素，笔尖形状选左侧第 1 个"山峰"形。左手同时压下"Ctrl+ 空格"，右手拿感应笔尖轻触数位板，把图片放大到合适大小（图 42）。

用感应笔尖点击色轮中的红色，然后在色轮中的方块中点击右上，此时前景色变为红色。用感应笔尖描绘前足股节和胫节的轮廓（图 43），前足转节和基节被遮盖的部分画虚线。具体操作细节参考触角线稿绘制部分相关内容（3.3 触角线稿的绘制）。注意在绘制完成后检查线条是否完全封闭，为以后选区和底色上色做准备。

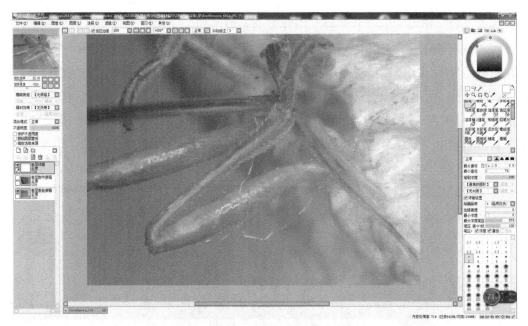

图 42　前足起稿准备

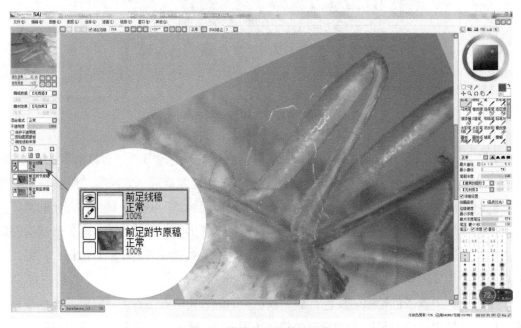

图 43　描绘前足股节和胫节

在"前足线稿"图层上新建一个图层，命名为"毛"，把股节和胫节上的刚毛描画到该图层（图44）。

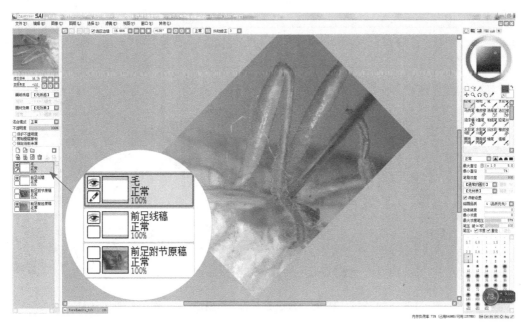

图44 前足毛的绘制

隐藏"前足股胫原稿"，显露"前足跗节原稿"。点击该图层后，同时压下"Ctrl+A"，选中整个图层，再同时压下"Ctrl+T"，把感应笔尖点击图片边缘的外侧，在数位板上向下滑动，对图层进行旋转，把胫节方向和线稿上的胫节方向调成一致。压下空格键，再用感应笔尖拖动图层，使胫节末端完全对齐，稍微旋转，使跗节和爪落在画布内（图45）。压下"Enter"键，完成自由变换操作。此时，图层边缘闪烁，表示图层仍处于选中状态，同时压下"Ctrl+D"，取消选中状态。把"前足跗节原稿"图层的不透明度改为70%，方便对跗节起稿。

压下"N"键，可以快捷启动"铅笔"工具，笔尖直径选5像素，笔尖形状选左侧第1个"山峰"形，颜色仍选红色，然后用感应笔尖点击"前足线稿"图层，开始描绘前足跗节、爪和爪垫轮廓，描绘完成后另保存图稿为"前足.psd"格式文件（图46）。注意，此处文件一定要保存为psd格式，可以包含多个图层。

用感应笔尖点击"毛"图层，把前足跗节的毛加到"毛"图层里，隐藏"前足跗节原稿"图层（图47）。同蟠前足的线稿就绘制完成了。

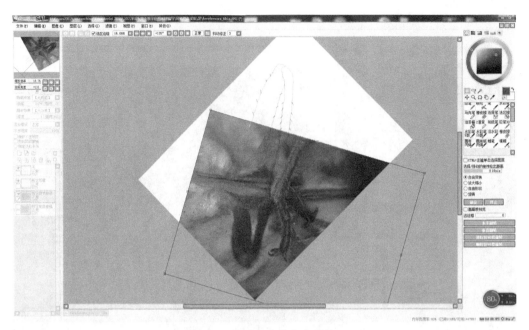

图 45　前足跗节的自由变换

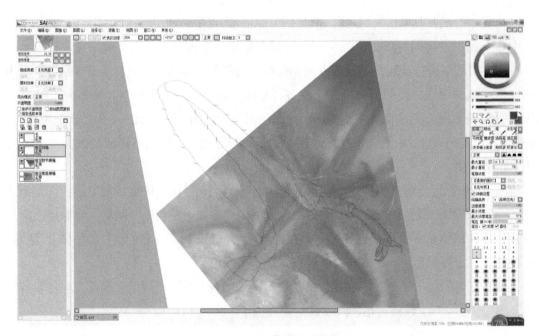

图 46　前足跗节的线稿绘制

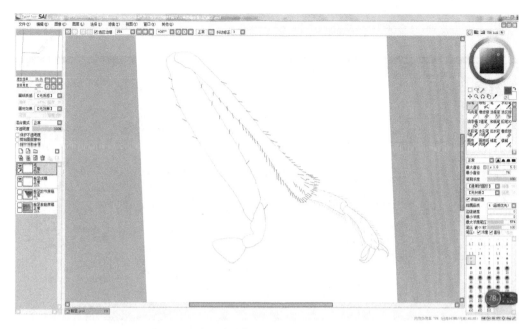

图 47 "前足线稿"图层和"毛"图层的绘制

4.4 衬阴处理

用感应笔尖点击"前足线稿"图层，激活该图层。再点击"新建图层"按钮，在其上添加一个新图层，命名为"前足底色"。点击前足股胫原稿图层，点击该图层按钮左侧上方的白色小方块，显露"眼睛"图标，使该图层可见。点击工作界面右侧的"取色器"按钮，用感应笔尖提取足部的最有代表性的绿色，使前景色的颜色尽量接近足的颜色。点击"毛"图层的"眼睛"按钮，隐藏该图层。点击"前足股胫原稿"图层的"眼睛"按钮，也隐藏此图层。点击工作界面右侧的"魔棒"工具，在"前足底色"图层上点击胫节内部，胫节内部和整个图层空白处变蓝（图 48）。

同时压下"Ctrl+Z"，返回操作（图 49）。同时压下"Ctrl+ 空格"，并用感应笔尖点击数位板，放大前足胫节，查找线条断点（图 50）。压下"空格"键，用感应笔拖动图层到胫节基部，再次放大，发现了断点（图 51）。注意，描线过程中断点的出现是随机的，绘图人在连接线稿时的粗心大意是造成断点的原因；把所有断点都接上，形成封闭的图形后，才能用"魔棒"工具选中胫节内部的空白成为选区。

用红色铅笔修补断点后，再次使用"魔棒"工具制作选区，依次点击基节、转节、胫节、股节、2 个跗节、2 个爪、爪垫（图 52）。

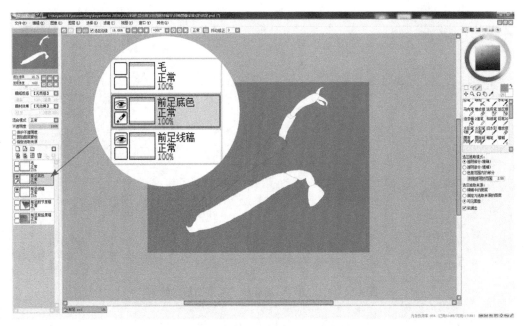

图 48　前足底色选区建立的意外状况

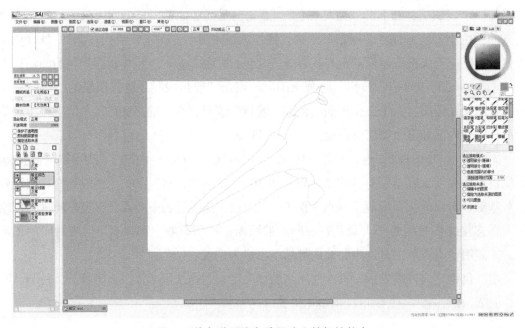

图 49　恢复前足底色选区建立的初始状态

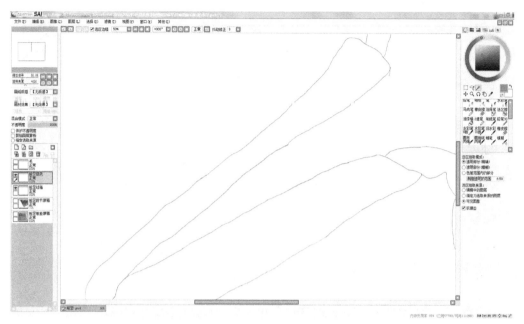

图 50　放大前足胫节查找线条断点

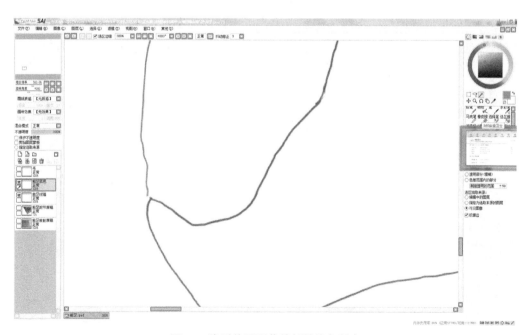

图 51　找到前足胫节基部的线条断点

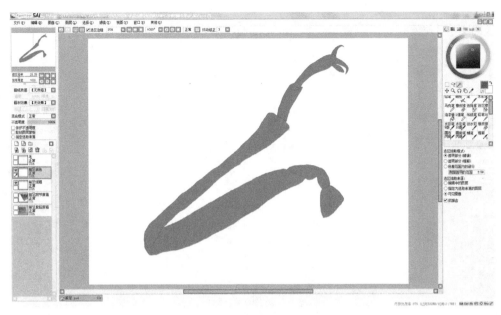

图 52　建立前足底色选区

再次点击"取色器"按钮，此时选区蓝色消失，但选区边缘在闪烁，点击"前足股胫原稿"左侧上方的白色方块，露出"眼睛"图标，可以看见前足，再次用感应笔尖在前足股节基部取色，前景色变为棕绿色后，用感应笔尖点击选区内部，完成底色添加。此时选区边缘仍在闪烁，同时压下"Ctrl+D"，取消选区，选区边缘不再闪烁。

隐藏"前足股胫原稿"图层（用感应笔尖点击该图层图标左侧的"眼睛"按钮），用感应笔尖点击"前足底色"图层，并拖到"前足线稿"图层下方（图 53）。此时，可以看

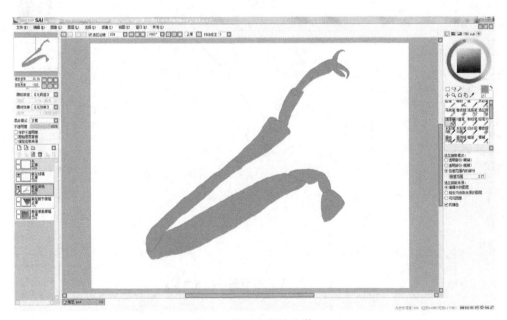

图 53　前足各节的分节

见前足各节间的分界线。

在"前足底色"图层激活的状态下（图层按钮显示蓝色），点击工作界面左侧的"新建图层"图标，建立一个新图层，命名为"前足衬阴"。点击"剪贴图层蒙板"按钮。"前足衬阴"图层图标左侧出现红色竖线，表示剪贴蒙板已经建立。点击"前足底色"图层，激活后，调整其不透明度为50%左右（图54）。此时，前足的色泽可以透明一些。多次点击"前足底色"图层左侧"眼睛"图标，核查完全不被遮挡和半透明底色条件下前足股节和胫节色泽的变化，为衬阴操作做准备。

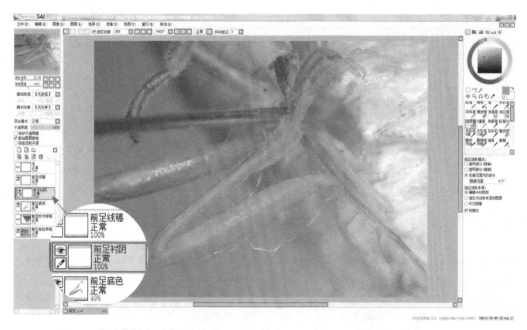

图54　剪贴蒙板在"前足衬阴"图层上的建立及"前足底色"图层的半透明处理

用感应笔点击操作界面右侧的"喷枪"工具，然后再隐藏"前足底色"图层，压下"Alt"键，同时用感应笔尖在前足胫节中部取深绿色，然后松开"Alt"键，完成取色，此时前景色变为深绿色。点击喷枪的最大直径为100像素，点击"前足衬阴"图层并激活，在"前足衬阴"图层上把前足色泽最深的部分先涂出来。点击"前足股胫原稿"图层左侧的"眼睛"图标，关闭此图层，查看前足上暗绿斑的喷涂效果（图55）。

启动SETUNA软件，将"前足底色"图层隐藏起来，显示"前足股胫原稿"，此时可以看到前足的原色。用感应笔尖点击"Setuna"图标上的"截取"按钮。在显露的前足原色图片上截取一个方形区域，包含前足的所有部分（图56）。

用鼠标右键点击此方形区域，点击"缩放为50%"按钮，用感应笔尖拖动缩小的前足浮动图片到电脑桌面左上角（图57）。此时，当鼠标滑动到浮动的前足图片上时，该图片变成极弱的浅灰色，半透明，可以看到图片下方的图像（图58）。

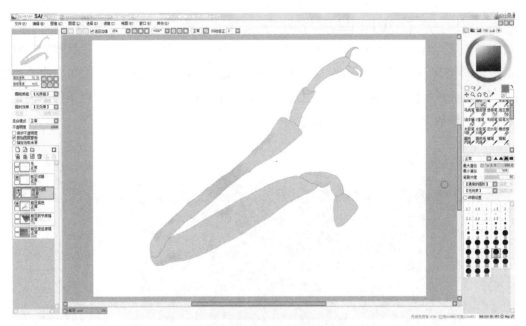

图 55　前足色泽的修改

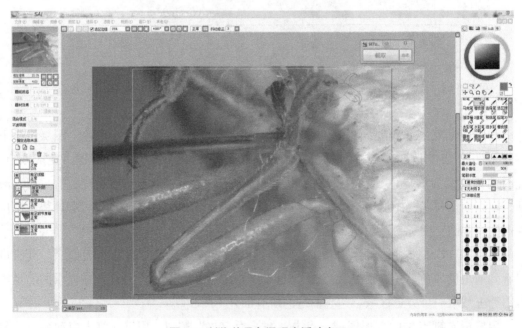

图 56　制作前足色泽观察浮动窗口 I

图 57　制作前足色泽观察浮动窗口 II

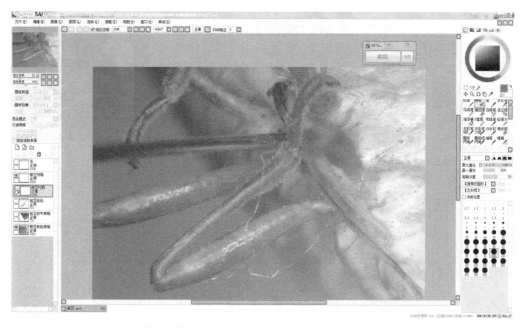

图 58　前足色泽观察浮动窗口在鼠标滑动过时的自动隐蔽效果

隐蔽"前足股胫原稿"图层，显示"前足底色"图层，然后激活"前足衬阴"图层，此时可以观察前足浮动窗口，继续进行衬阴操作（图59）。

将"前足底色"的不透明度调整为100%（图59）。压下"Alt"键，同时用感应笔尖在色轮上取暗褐色。激活"前足衬阴"图层，将爪端部和爪垫涂成暗褐色（图60），相关放大、移动图层、选色、调色等操作参考触角衬阴部分（3.6 衬阴处理）。

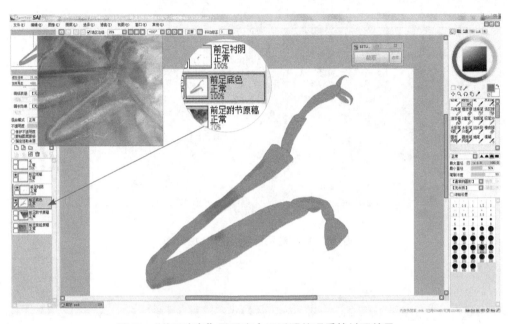

图59 "前足底色"图层完全不透明处理后的衬阴效果

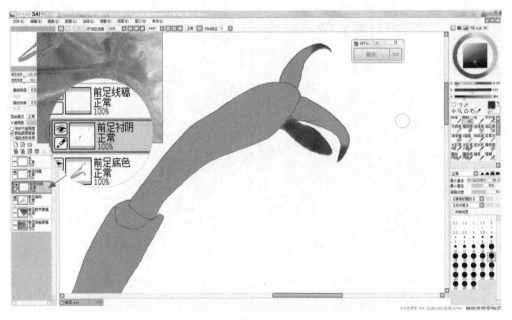

图60 前足爪的上色

参考前足浮动窗口，将前足跗节和胫节端部修正为淡红褐色。参考触角部分衬阴处理（3.6 衬阴处理），将前足各节边缘涂暗，选色及喷涂操作注意在正确选择主色调的基础上，利用"HSV 滑块"准确地选择同一色调的 V 滑块左侧的暗区位置，越接近边缘越暗（图 61）。

隐藏"前足底色"图层，激活"前足线稿"图层，同时压下"Ctrl+A"全选图层，再同时压下"Ctrl+U"打开"色相 / 饱和度"对话框，把 V 滑块滑到最左侧，点击"确认"，将前足线稿改为黑色（图 62）。此时，图层仍为全选状态，图层边缘持续闪烁。

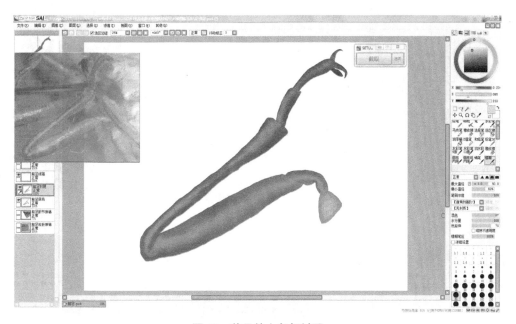

图 61　前足的上色与衬阴

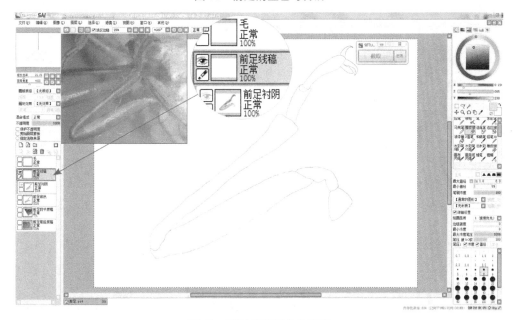

图 62　前足线稿颜色的确定

41

隐藏"前足线稿"图层，显露"毛"图层，激活该图层，同时压下"Ctrl+U"打开"色相/饱和度"对话框，将毛色调为黄色（图63）。

此时发现跗节部分的毛色偏淡，需要调整。同时压下"Ctrl+D"取消整个图层选中的状态，点击色轮下方的"套索"工具（图64）；同时压下"Ctrl+U"打开"色相/饱和度"对话框，参考显微镜下肉眼视检的结果将跗节的毛色调整好（图65）。

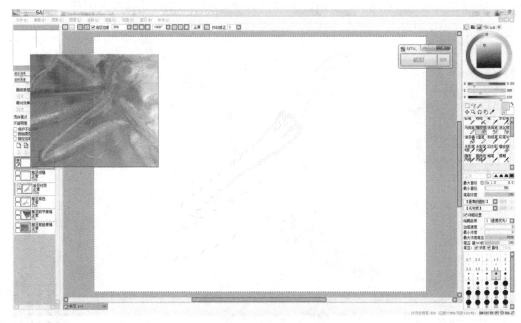

图63　前足毛色的确定

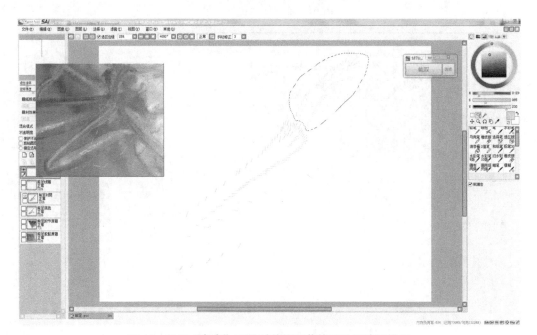

图64　利用"套索"工具对前足跗节的毛进行选区操作

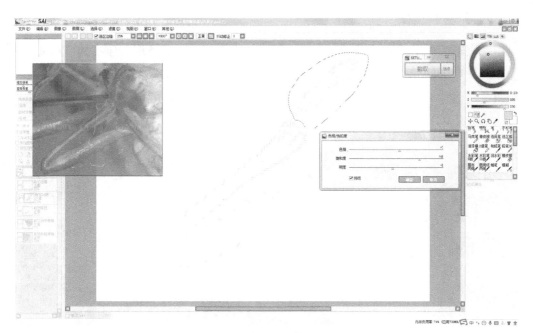

图 65　前足跗节毛色的调整

点击"确定"关闭"色相/饱和度"对话框，同时压下"Ctrl+D"取消选区，显露"前足线稿""前足底色""前足衬阴"图层。前足上色的初步效果显现出来（图 66）。

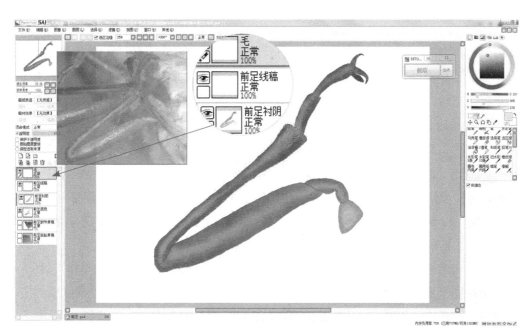

图 66　前足上色的初步效果

4.5 高光处理

用感应笔尖点击"前足衬阴"图层，激活后，添加一个新图层，命名为"高光"。点击操作界面左侧的"剪贴图层蒙板"按钮，将新图层设定为剪贴蒙板。此时，"高光"图层按钮左侧也有1个红色竖条，和"前足衬阴"图层一样（图67）。

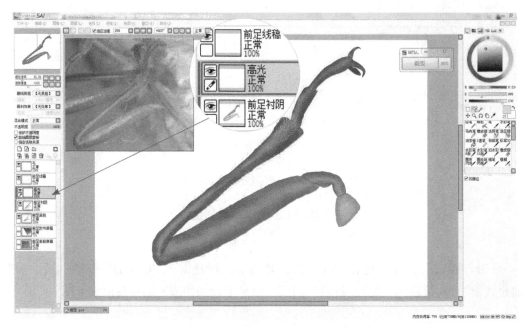

图 67　新建前足"高光"图层

对照电脑桌面左上角的前足浮动窗口，在前足股节和胫节中部添加高光。胫节部分的高光不如股节中部的高光显著，初步确定胫节高光部分选择绿色，然后调整 V 滑块到右侧，选择适当的白绿色作为胫节高光的基本色。股节中段高光可直接选择白色作为高光基本色，股节其他部分高光和胫节处理相同。具体操作如下：用感应笔尖点击"毛"图层和"前足衬阴"2个图层左侧的"眼睛"，仅保留"前足线稿""前足底色""高光"3个图层可见，点击"高光"图层按钮，使之变为蓝色。点击操作界面右侧"喷枪"工具，压下"Alt"键，同时用感应笔尖点击股节中部进行取色操作。前景色变为黄绿色后，调整"HSV 滑块"的 S 滑块到左侧，调整 V 滑块到右侧适当位置，此时前景色变为黄白色。前足高光添加后的效果如图所示（图68）。

点击"新建图层"按钮，在"高光"图层上新建一个图层，命名为"亮白"（图69），点击"剪贴图层蒙板"按钮，将"亮白"图层改为剪贴蒙板，点击操作界面右侧"取色器"按钮，在色轮中的方形色块的左上角点击，把前景色改为白色。

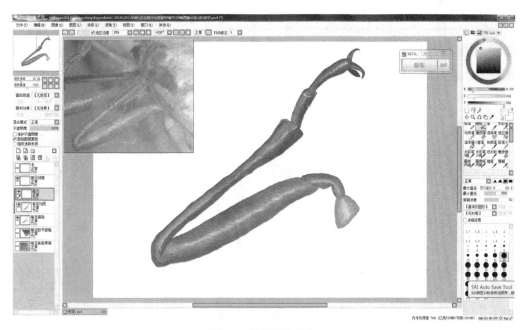

图 68　前足高光效果

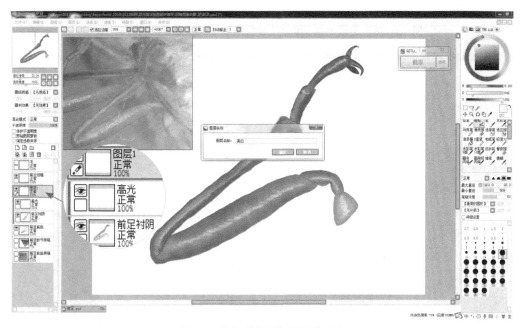

图 69　前足"亮白"图层的建立

点击"铅笔"工具，笔尖最大直径选 50 像素，在"亮白"图层上绘出 2 条略微平行的白色细条（图 70）。

点击"亮白"图层按钮左侧的"眼睛"图标，隐藏"亮白"图层，再用感光笔尖点击"高光"图层，激活后，然后再点击操作界面右侧的"模糊"工具，对高光的边缘区域进行模糊处理。笔尖的最大直径根据高光斑块的大小，在 10~100 像素进行调整（图 71）。

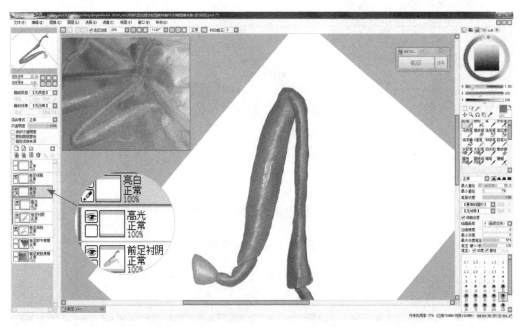

图 70 在前足"亮白"图层上表现股节中部的高光的最亮部分

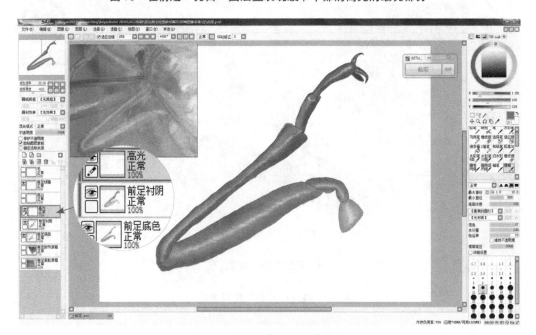

图 71 在前足高光处理的细化

点击"亮白"图层,激活后,进行类似操作,把前足股节中部的高光进行细化处理(图 72)。调整满意后,点击操作界面左侧的"向下合拼"图层按钮,把"亮白"图层和"高光"图层进行合并。

点击操作界面上方"重置视图的显示位置"按钮。点击"毛"图层左侧的上方的"显示/隐藏"按钮,"眼睛"图标恢复,至此同蜡前足的绘制完成(图 73)。用鼠标右键点

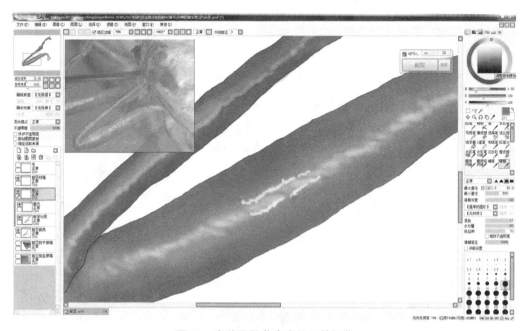

图 72　在前足股节高光处理的细化

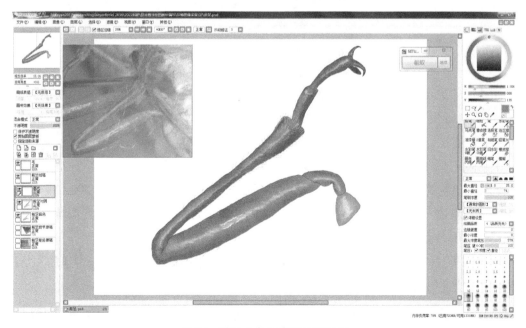

图 73　前足上色与高光效果显示

击前足浮动窗口，在弹出的对话框中点击"关闭"。点击"SETUNA"小图标右上角的"X"，关闭屏幕截图软件"SETUNA"。

4.6　前足标尺的制作

点击"前足跗节原稿"图层按钮，激活后，新建一个图层，命名为"标尺"。打开预先制作的标尺模板图片（图 74）。

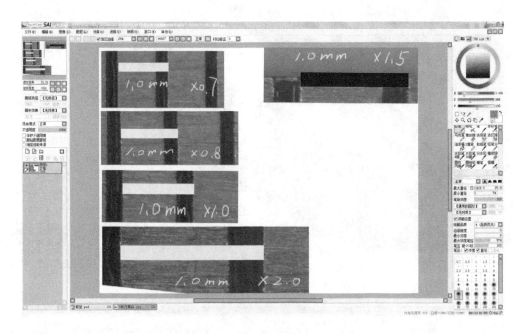

图 74　打开预存的"标尺"文件

用感应笔尖点击操作界面右侧色轮下方的"矩形"选择工具，然后点击 0.7 倍物镜的 1.0 mm 白色标尺（左上方），向右下方滑动笔尖，形成一个矩形选区（图 75）。同时压下"Ctrl+C"，把 0.7 倍的 1.0 mm 标尺图片保存到剪切板。

然后点击操作面板下方的"前足.psd"图片按钮，同时压下"Ctrl+V"，把复制在剪切板的 0.7 倍物镜视野下的标尺图片拷贝至"前足.psd"图片文件，此时会在"标尺"图层上方自动新建一个图层。点击操作界面左侧的"向下合拼"按钮，两个图层合并形成新的图层，图层名称仍为"标尺"（图 76）。

同时压下"Ctrl+S"，保存"前足.psd"图片，完成同蟓前足的绘制。类似的，可以完成同蟓中足和后足的绘制。

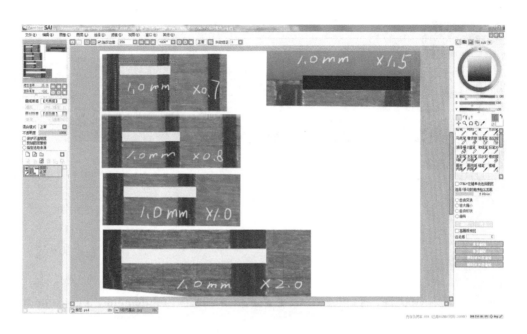

图 75　复制标尺

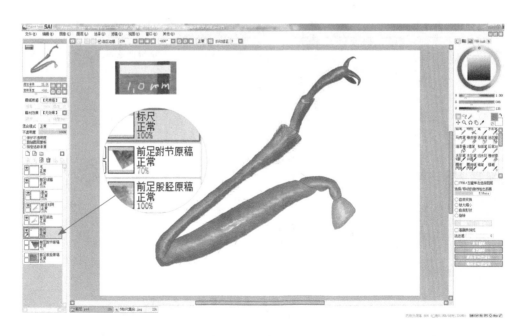

图 76　制作标尺图层

05 中后足绘图方法

5.1 原稿标尺的添加

重新打开 SAI 软件，打开 3 个中足图片，分别是 "midfemora . jpg" "midtibia . jpg" "midtarsi . jpg"。同时打开标尺图片 "5 标尺集合 . sai"（图 77）。

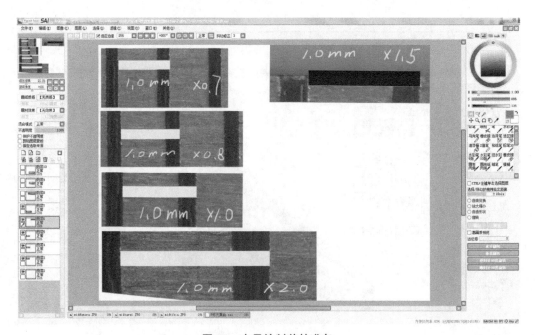

图 77　中足绘制前的准备

用感应笔尖点击操作界面右侧色轮下方的"矩形"选择工具，然后点击 0.7 倍物镜视野下制作的 1.0 mm 标尺，向右下方滑动，做出一个矩形的选区，把白色 1.0 mm 标尺和 1.0 mm 文字注释都包括在内。同时压下"Ctrl+C"，复制该选区到剪切板。然后打开中

足股节图片 "midfemora . jpg"，压下 "Ctrl+V"，自动新建一个图层包含标尺在内，压下 "Ctrl" 键，同时用感应笔尖拖动标尺到空白位置（图78）。点击 "向下合拼" 按钮，压下 "Ctrl+S"，保存图片。此时的中足股节图片中包含了标尺。同样，把0.7倍的标尺，添加到中足胫节图片和中足跗节图片中。

注意，所有中足原稿图片采集时的物镜倍数都是0.7倍，和标尺拍摄时的物镜倍数相同。

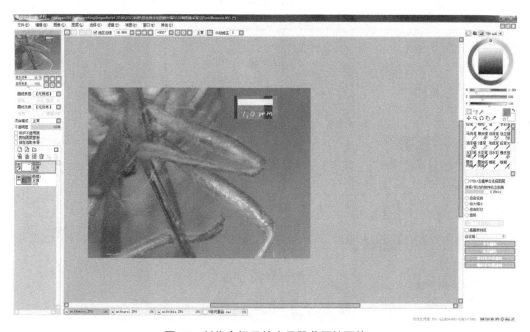

图 78 制作含标尺的中足股节原始图片

5.2 建立多图层 psd 格式文件

关闭 "5 标尺集合 . sai" 图片，以节省内存消耗。重新打开中足股节图片 "midfemora . jpg"，另存为 "中足 . psd" 图形文件。

点击 "新建图层" 按钮，命名为 "中足线稿"。把中足股节原始图片所在的图层命名为 "中足股节原稿及标尺"。

打开中足胫节图片文件 "midtibia . jpg"，同时压下 "Ctrl+A"，整个图片被选中，同时压下 "Ctrl+C"，复制图层。再打开 "中足 . psd" 文件，同时压下 "Ctrl+V"，在 "中足线稿" 图层上方自动产生一个新图层，命名为 "中足胫节"。类似的，在 "前足 . psd" 中添加一个 "中足跗节" 图层。

5.3 扩大画布

隐藏"中足胫节""中足跗节"图层。点击"中足线稿"图层拖到图层最上方位置。点击操作界面上方的"图像"下拉按钮，选中"画布大小"，点击后打开"画布大小"对话框（图79）。将高度像素值由3456改为6456，同时将白色的定位方块改为最上方，点击"确定"后画布向下扩展（图80）。

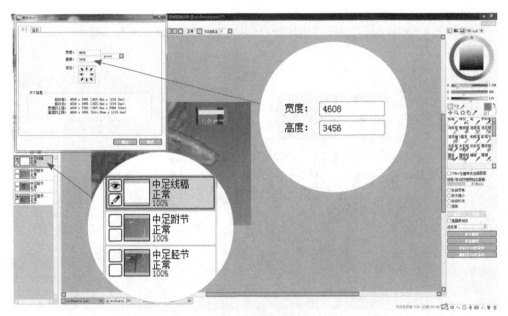

图 79　打开"画布大小"对话框

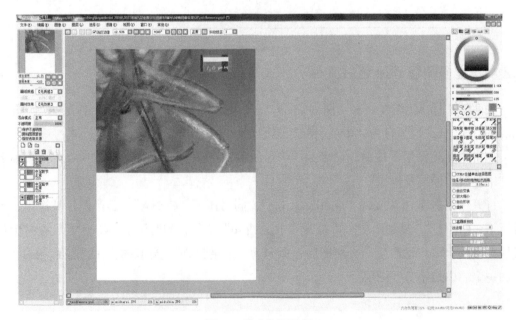

图 80　画布向下扩展

5.4 拼接胫节

点击"中足胫节"图层"隐藏"按钮，"眼睛"图标露出，点击该图层按钮，激活该图层，调整不透明度为50%。同时压下"Ctrl+A"，全选图层，再同时压下"Ctrl+T"，开始自由变换，用感应笔尖向下拖动图层，再把笔尖放到图层外旋转适当角度，使胫节图像与"中足股节原稿及标尺"图层中部分准确对接（图81），点击"Enter"键确认，完成自由变换。同时压下"Ctrl+D"取消选区。

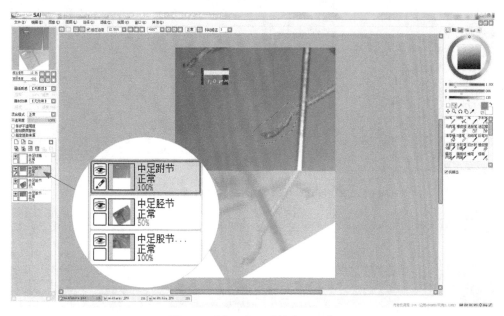

图 81　对齐不同图层的中足胫节

5.5 拼接跗节

激活"中足跗节"图层，点击"套索"工具，画圈把中足跗节圈住（图82）。同时压下"Ctrl+C"复制中足跗节图像到剪切板。点击"中足胫节"图层，同时压下"Ctrl+V"，会自动新建一个图层，包含剪切的中足跗节图像。点击"中足跗节"图层左侧的"眼睛"图标，隐藏该图层（图83）。

然后用感应笔尖拖动自动"选中"中足跗节向下移动（图84），至中足胫节端部附近位置，同时压下"Ctrl+T"进行自由变换（图85），把中足跗节位置调整到和胫节位置协调的位置，压下"Enter"确认键完成自由变换。

调整临时图层的不透明度为50%，用感应笔尖把圈选的中足跗节放置到中足胫节端部。同时压下"Ctrl+空格"，用感应笔尖点击中足跗节，放大后，仔细检查胫节和跗节是否准确对接（图86）。对中足跗节临时图层进行命名，图层名称为"中足胫节_临时"。

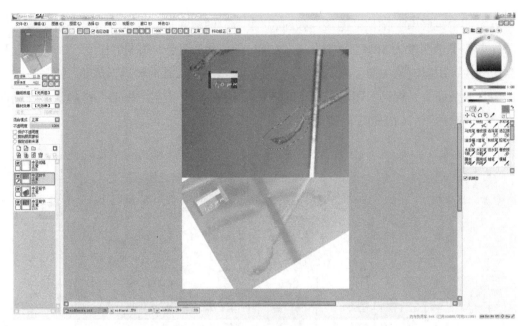

图 82 用"套索"工具对中足跗节进行自由选区设置

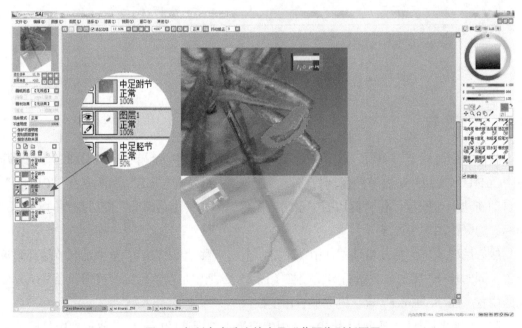

图 83 复制套索选中的中足跗节图像到新图层

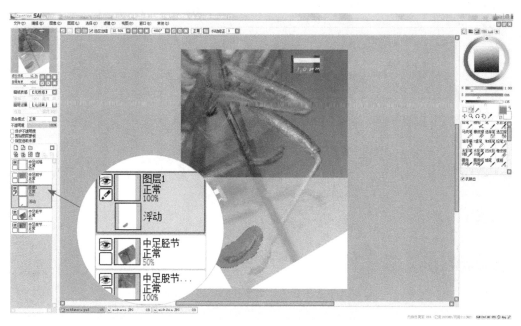

图84 移动中足跗节图像至中足胫节端部附近

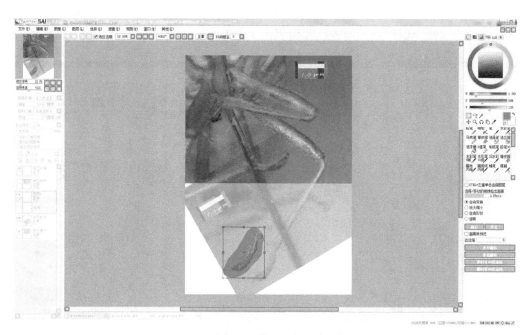

图85 对中足胫节进行自由变换操作

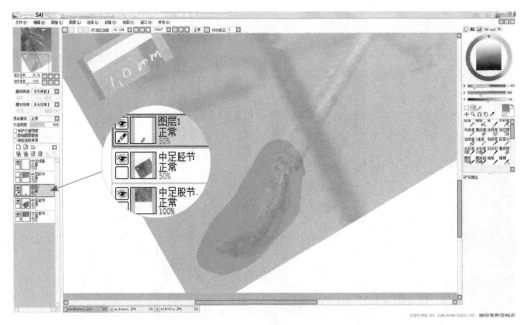

图86 放大检查中足跗节和胫节的对接质量

5.6 绘制线稿铅笔参数设置

点击"中足线稿"图层，激活后，开始在该图层绘制中足线稿。压下"N"键，选择笔尖最大直径为5像素，笔尖形状为"山峰"形，压下"Alt"键，用感应笔尖在色轮内色框左下角点击黑色区域，把前景色改为黑色（图87）。

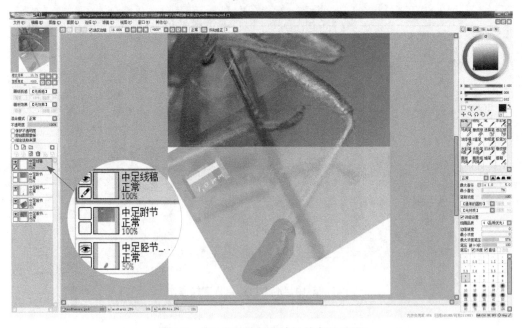

图87 中足线稿绘制前的铅笔参数设置

5.7　中足线稿及底色图层的准备

在"中足线稿"图层上完成中足线稿的绘制，注意各节线条自然流畅，接口封闭，便于制作选区，具体绘制步骤参考前足线稿绘制部分（4.3 足线稿和刚毛的绘制）。

点击"新建图层"按钮，将新图层命名为"中足底色"。保留"中足线稿"图层可见，隐藏其他图层。在中足底色图层上，用"魔棒"工具，制作选区，方法同前足。用感应笔尖在色轮上选择翠绿色，点击"油漆桶"工具，点击中足选区，完成底色设置（图 88）。

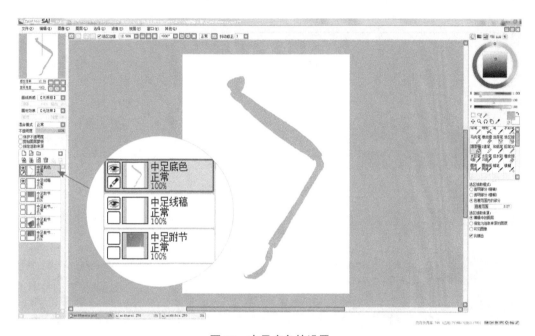

图 88　中足底色的设置

5.8　爪部线稿的补充

点击"中足线稿"图层，在操作界面左侧的图层区用感应笔尖拖到所有图层的最上方，显示中足各节的分节。隐藏"中足底色"图层，点击"中足线稿"图层，同时压下"Ctrl+ 空格"，用感应笔尖点击爪几下，爪部变大（图 89）。

点击"套索"工具，圈选爪。同时压下"Ctrl+C"选区到剪切板，再同时压下"Ctrl+V"复制爪，并自动产生一个新的图层（图 90）。

同时压下"Ctrl+T"，开始自由变换，用感应笔尖移动新做的爪到适当位置，同时在实体显微镜下核查标本，使新爪的位置准确且自然（图 91）。压下"Enter"确认键，结束自由变换。同时压下"Ctrl+D"取消选区。

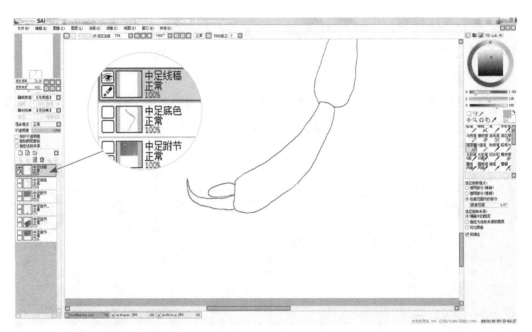

图 89　中足爪的放大

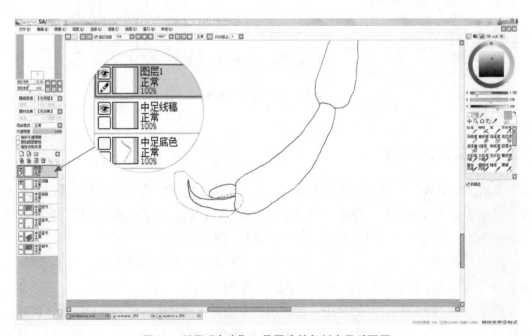

图 90　利用"套索"工具圈选并复制中足爪图层

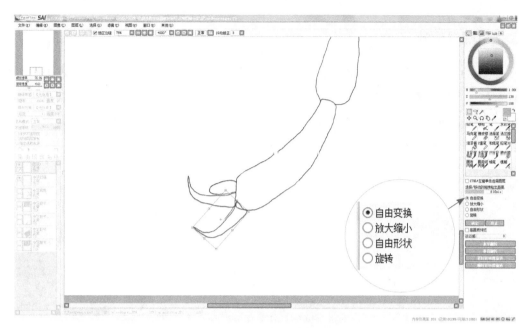

图 91 利用自由变换移动新爪

调节新图层的透明度到 50%，压下 "E" 键，快捷启动 "橡皮擦"，调节笔刷最大直径为 50 像素，然后擦去多余的线条。将图层的不透明度调整为 100%，点击 "向下合拼" 按钮，合并 2 个图层（图 92）。

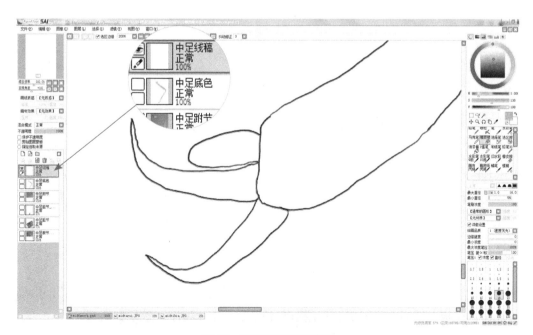

图 92 制作完成新爪线稿

5.9　爪底色的补充

显露"中足底色"图层（图93），压下"Alt"键，快捷启动"取色器"，点击跗节黄绿色部位，点击"魔棒"工具，点击"中足底色"图层，并激活该图层，点击新爪内部空白处，完成底色补充选区。点击"油漆桶"，再次点击新爪内部空白处，完成底色补充填充。同时压下"Ctrl+D"取消选区。

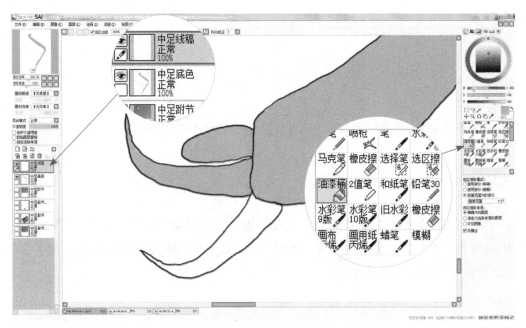

图93　未填充底色的新爪

5.10　中足的衬阴

点击操作界面顶部的"重置视图的显示位置"，点击"中足底色"图层按钮，点击"新建图层"按钮，建立一个新图层，命名为"中足衬阴"，点击"剪贴图层蒙板"按钮（图94）。

压下"B"键，快捷启动"喷枪"工具，选择最大直径200像素，笔尖形状"山峰"形。压下"Alt"键，快捷启动"取色器"，同时用感应笔尖点击股节中部取色。查看 V 滑块的读数为188，向左移动该滑块至100左右，调暗前景色。

在中足股节和胫节两侧轻轻涂刷，产生阴影效果（图95）。

查看标本，在色轮上选出适宜的红褐色作为前景色。同时压下"Ctrl+ 空格"，用感应笔尖点击数位板，适当放大图像，在跗节和胫节端部1/4喷涂，效果如图96。

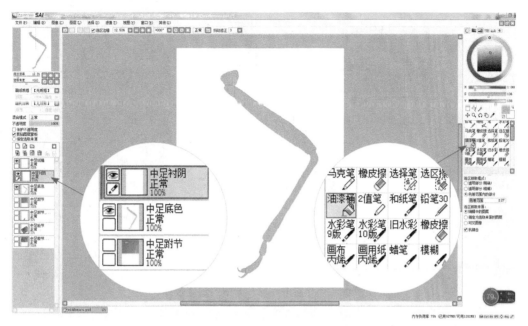

图 94   新建"中足衬阴"剪贴蒙板

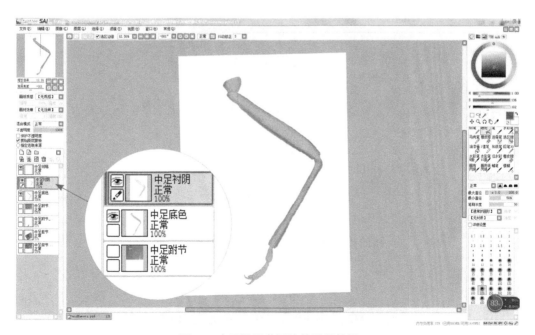

图 95   中足股胫节侧缘的阴影效果

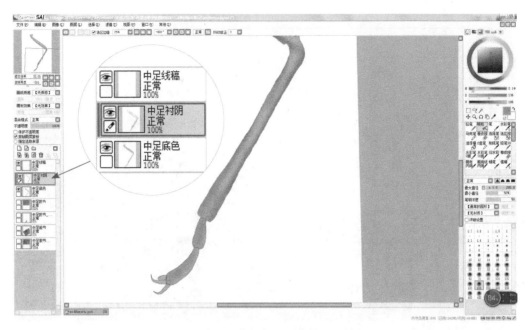

图 96　中足胫节端部和跗节的泛红效果

此时查看 V 滑块读数为 196，用笔尖向左滑动，调为 100 左右（图 97）。把喷枪的最大直径改为 100 像素，再次用"喷枪"工具喷涂胫节端部和跗节腹面边缘位置，增加立体感。

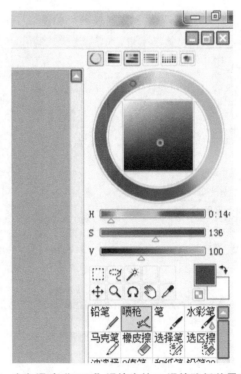

图 97　左向滑动"HSV"滑块中的 V 滑块降低前景色亮度

把 V 滑块调至 050，此时前景色接近黑褐色，喷涂爪端部 1/3 区域（图 98）。

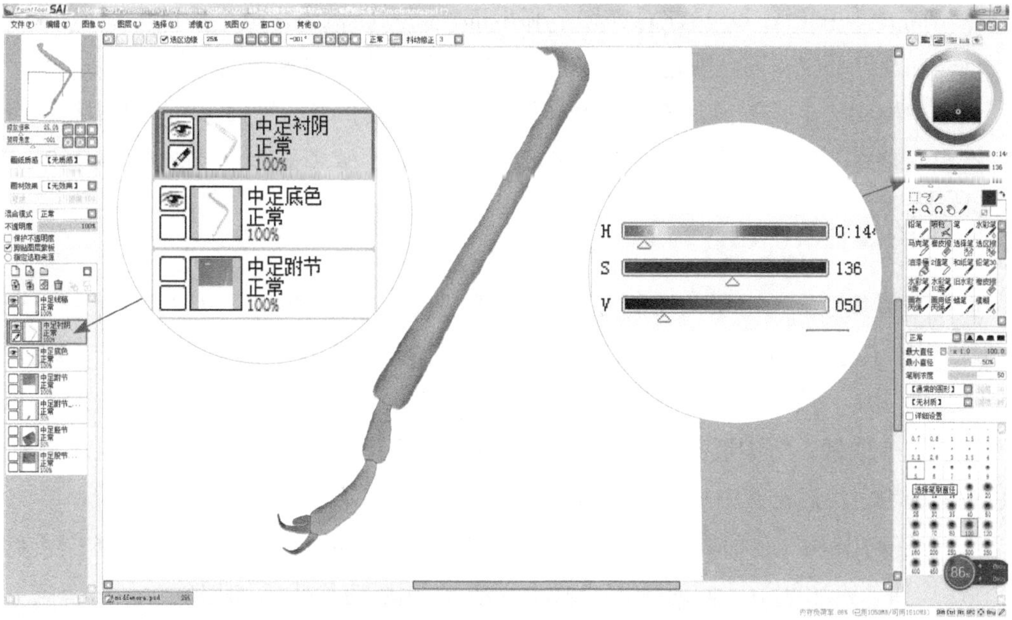

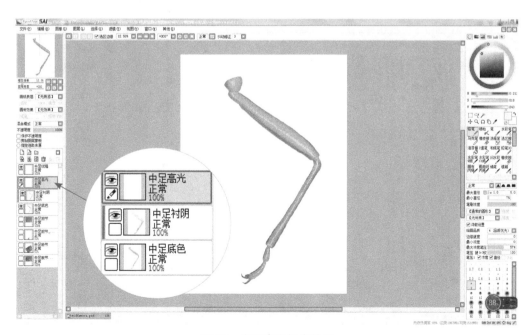

图 98　跗节衬阴和爪调色效果

5.11　中足高光处理

点击"新建图层"，在"中足衬阴"上方产生一个新图层，双击该图层图标，弹出

图 99　中足高光初步效果

"图层名称"对话框,命名为"中足高光"。压下"N"键,快捷启动"铅笔"工具。压下"Alt"键,用笔尖在色轮中选取绿色,调高 V 滑块数值至 240 以上。铅笔笔尖调整为 5 像素,绘出高光效果(图 99)。注意在跗节和爪部,高光面积小,把笔尖调整到 10 像素左右;同时在泛红部位,高光颜色选白红色。在爪端部,高光颜色选纯白色。

点击"模糊"工具按钮,笔尖最大直径改为 60 像素,对高光边缘和衬阴边缘进行刷涂,造成明暗逐渐过渡的效果。在高光区域较窄的部位,笔尖最大直径改为 10~20 像素。

5.12 毛的绘制及毛色的调整

操作细节参考触角毛层的绘制方法(3.9 毛的添加),这里简要叙述操作流程。点击(一般指用感应笔笔尖点击,鼠标点击时效果基本相同)"中足线稿"图层按钮,激活后,点击"新建图层"按钮,把新图层命名为"毛",点击操作界面右侧"铅笔"工具,笔尖最大直径选 5 像素,笔尖形状选"山峰"形,点击"选色器"按钮("吸管"工具按钮),在色轮上选黑色。点击"中足股节原稿及标尺"图层,将不透明度改为 50%。

隐藏所有图层,仅保留"中足股节原稿及标尺""中足线稿""毛"3 个图层,点击"毛"层按钮,再次激活,同时压下"Alt+ 空格",用感应笔尖将图层旋转到适合画毛的角度(图 100),这里我们假定绘图人用右手执笔。用感应笔尖在数位板上绘制股节的毛(图 101)。

绘制过程中,要不断重复显微镜下视检过程,刚毛的粗细和分布位置会影响"中足原稿"中毛的效果,导致原稿影像与实物标本存在差异。这是由于人眼的景深较大,而显微

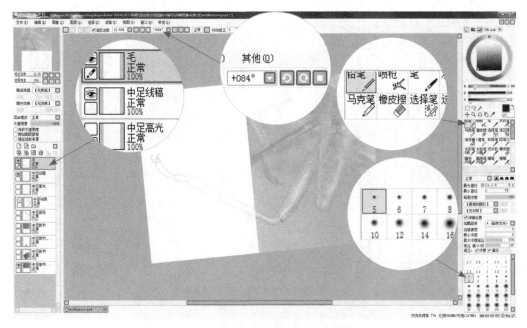

图 100　绘制股节刚毛时的姿态控制

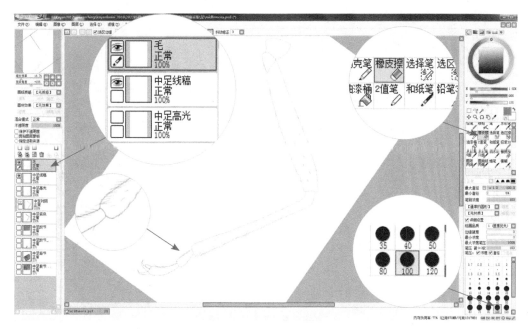

图 101　中足毛层初步效果

镜的景深通常较小，导致目视观察效果不同于拍摄效果。

同蜱股节的刚毛较为稀疏，胫节中段至端部刚毛浓密，跗节腹面刚毛浓密。另外胫节背侧刚毛较稀疏，跗节背侧刚毛也较稀疏。

镜下视检后，把胫节背侧的刚毛画的过于浓密，需要调整。操作如下：点击"Ctrl+空格"，笔尖点击胫节放大到适当大小，点击"橡皮擦"按钮，把笔刷最大直径改为 80 像素，小心地擦去胫节背侧的刚毛，重画成略稀疏的状态（图 102）。

隐藏所有图层，仅保留"毛"图层，点击"保护不透明度"，点击"铅笔"工具按钮，把最大直径调至 500 像素，点击色轮上的黄棕色，然后刷涂"毛"图层的刚毛，调整刚毛的颜色为黄棕色，点击"铅笔"工具，选最大直径 8 像素，在色轮上选择黄绿色，补绘刚毛。在股节、胫节、跗节线稿外侧添加刚毛时，注意选择亮度偏暗的黄绿色；在股节、胫节、跗节边缘衬阴位置则选取偏亮的黄绿色，以增强对比效果。显露"中足线稿""中足底色""中足高光"图层（图 103）。

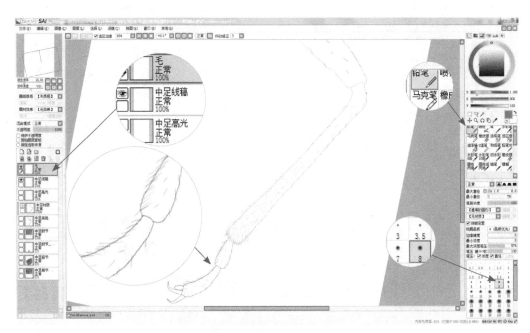

图 102　中足胫节背侧毛被调整后的效果

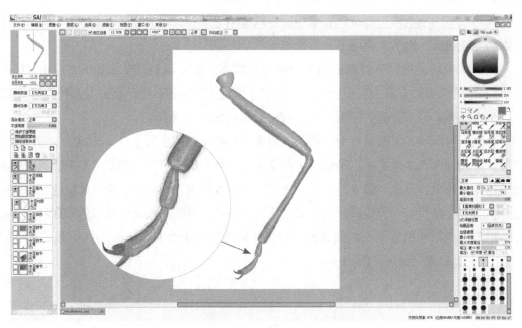

图 103　中足绘制效果

5.13　后足的绘制

方法步骤与中足绘制相同。后足线稿绘制效果见图 104。

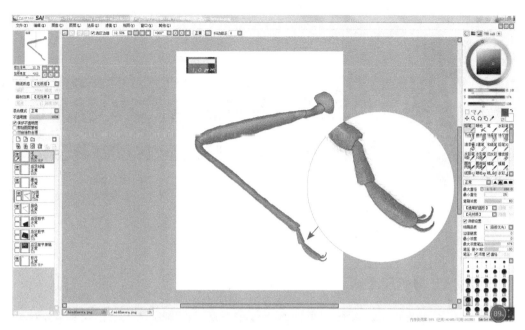

图 104　后足绘制效果

06 体躯绘图方法

6.1 原稿采集与标尺添加

对同蟋的头和前胸进行图像采集，控制身体水平，由于在最小物镜倍数 0.7 倍的条件下仍然无法拍全，采用分段拍摄，左、中、右各拍 1 张。另对胸部和腹部大部，左、中、右各拍 1 张。再对腹末部分拍摄 1 张。每张原图上都添加 1 个 0.7 倍物镜视野下的 1.0 mm 标尺。

启动 SAI 软件，打开原始采集图片 "head1 . jpg" 文件（图 105）。

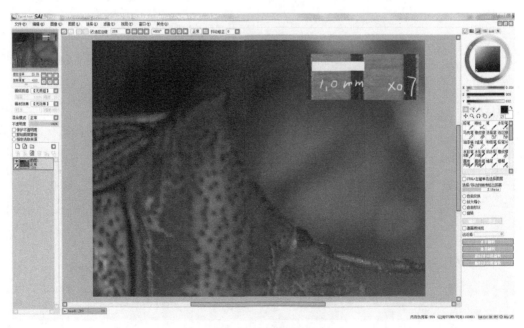

图 105　头部左侧原稿及标尺

6.2 缩小图像

点击"图像"下拉窗口（图106），点击"图像大小"，显示"图像大小"对话框（图107）。

在锁定长宽比的情况下，把"水平像素"的百分比由100改为25。其他不变，点击"确定"（图108）。

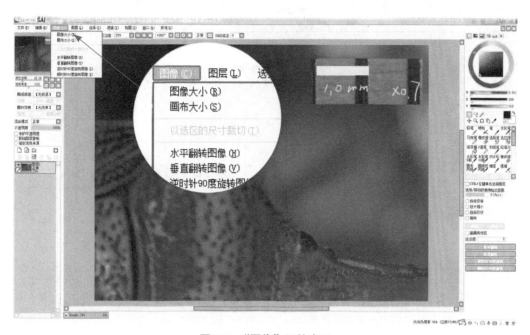

图 106 "图像"下拉窗口

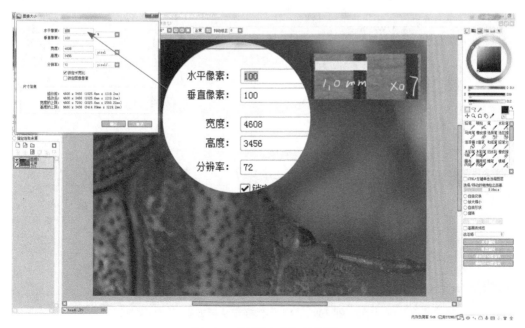

图 107 "图像大小"对话框

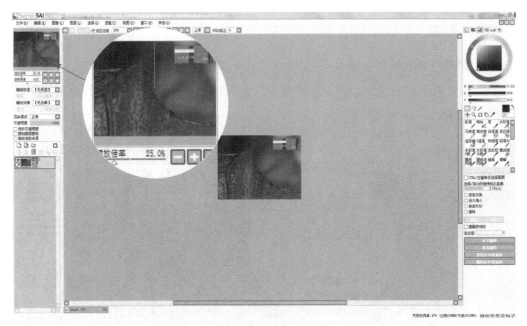

图 108　缩小图像大小

6.3　翻转图像

点击"图像"下拉窗口，点击"逆时针 90 度旋转图像"，把虫体头部摆正（图 109）。

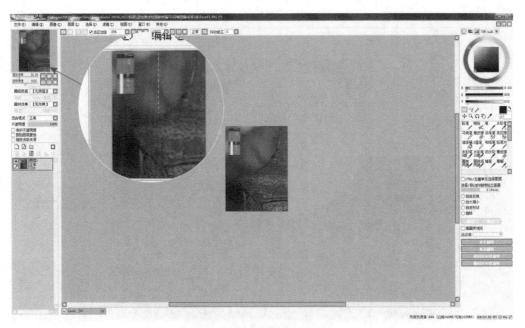

图 109　旋转图像摆正头部方向

6.4 扩大画布

点击"图像"下拉窗口，点击"画布大小"，弹出"画布大小"对话框（图110）。参考虫体实际大小，调整宽度和高度"定位"的中部白色小方框的位置到九宫格中间的位置，宽度比例由100改为200，高度比例由100改为300，点击"确定"（图111）。

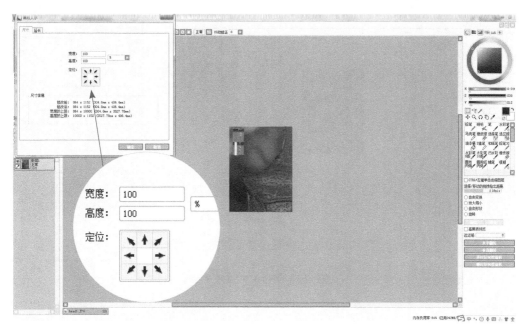

图110 "画布大小"对话框

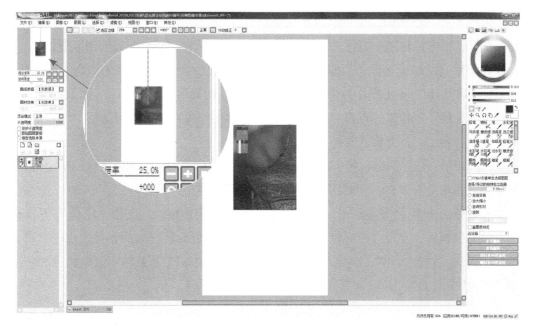

图111 画布扩大效果 I

继续点击"图像"下拉框，点击"画布大小"，调整宽度"定位"的中部白色小方框的位置到中左位置，宽度比例由 100 改为 200，点击"确定"（图 112）。

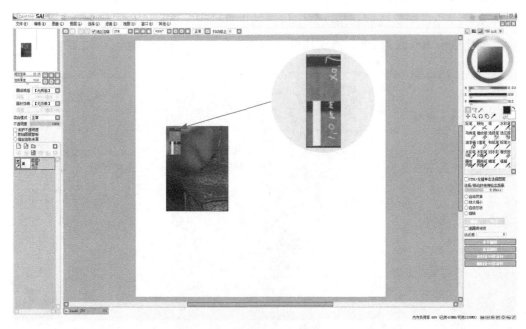

图 112　画布扩大效果 II

6.5　加对称轴

点击操作界面右侧的"矩形"选择工具，在图像中部绘一个极窄的细框，点击"油漆桶"工具，点击色轮选中黑色，同时压下"Ctrl+ 空格"，移动鼠标到绘图区空白处点几下，放大刚建立的细框选区，用感应笔尖点击细框选区，将该选区涂为黑色，同时压下"Ctrl+D"取消选区，点击操作界面上方的"重置视图的显示位置"按钮（图 113）。

点击"文件"下拉框，点击"另存为"，在弹出的"保存图像"对话框中，将新文件命名为"体 .psd"，注意格式选择 psd 格式（图 114）。

点击"矩形"选择工具，把头部图片框选，点击感应笔尖移动到新文件的中上部，使右侧贴住对称轴（图 115）。同时压下"Ctrl+D"取消选区。

在 SAI 中打开原始采集图片"head2 .jpg"文件（图 116），点击"图像"下拉框，显示下拉文件框后，点击"逆时针 90 度旋转图像"，图像旋转完成后，再次点击"图像"下拉框，点选"图像大小"，将水平像素相对大小由 100% 改为 25%，锁定长宽比不变，点击"确定"（图 117）。

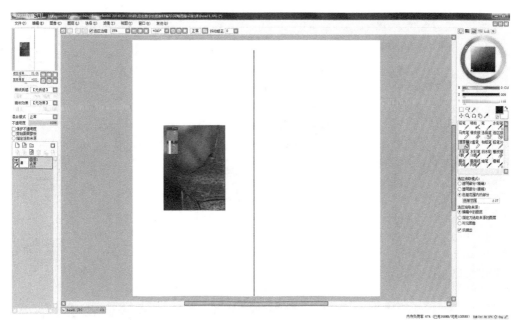

图 113　绘制对称轴

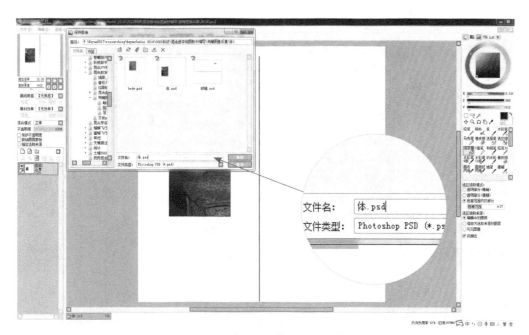

图 114　建立 psd 格式体躯文件

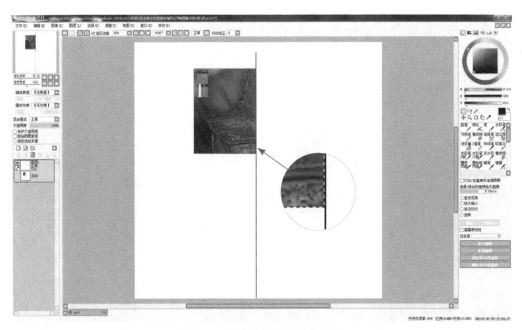

图 115　移动头部图像到中上部

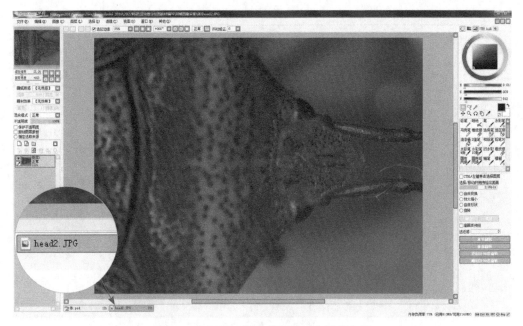

图 116　打开另一幅头部原始采集图片文件

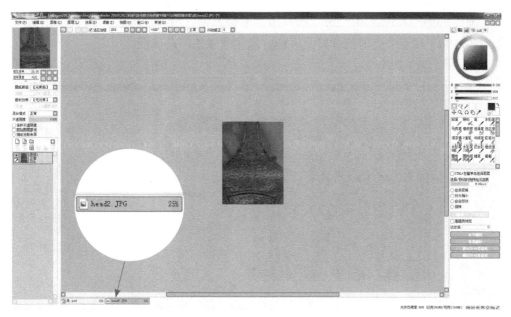

图 117　旋转缩小后的同蜡头部局部

　　同时压下"Ctrl+A"，图像全选后，同时压下"Ctrl+C"复制图像到剪切板，再打开"体.psd"文件，同时压下"Ctrl+V"，复制剪切板中的图层，此时会自动建立一个新图层，双击该图层，命名为"头2"，双击原来的图层，命名为"头1"，再点击"头2"图层，激活后，把不透明度由100%改为70%~80%。压下"Ctrl"键，同时用感应笔尖移动"头2"图层到"头1"图层的右侧（图118），同时压下"Ctrl+空格"，用感应笔尖点

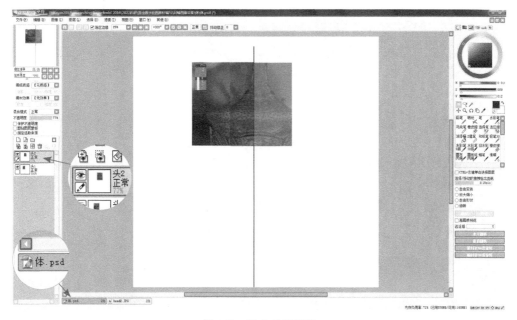

图 118　拼合头部影像

击几下放大，再次压下"Ctrl"键，同时用感应笔尖精确调整，使 2 个图片准确对齐交错部位（图 119）。注意检查前胸背板侧缘和后缘轮廓线条的连贯性。

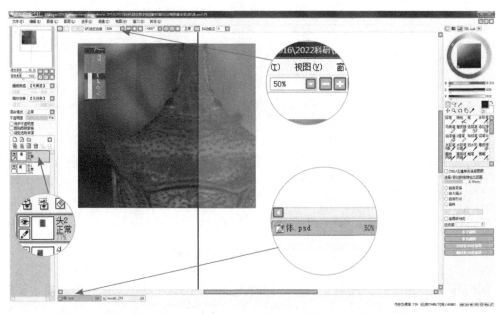

图 119　对齐头部影像 I

类似的，打开原始采集图片"head3．jpg"文件，将其缩小复制到"体．psd"文件中（图 120）。双击新图层，命名为"头 3"图层。点击"隐藏图层"按钮，隐蔽"头 3""头

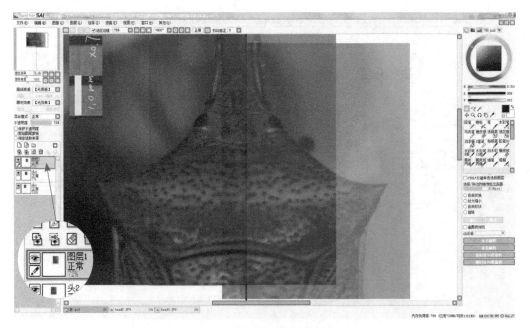

图 120　对齐头部影像 II

2"图层。点击"头 1"图层，并激活成蓝色，点击"图层"下拉按钮，点击"复制图层"，这时产生一个新的图层，是"头 1"图层的复制图层，双击命名为"对称轴"，点击"矩形"选择工具，把对称轴左侧的头部图像框选起来，注意不要损伤对称轴，点击"编辑"下拉按钮，点击"剪切"，点击"头 3"图层左侧"隐藏图层"按钮（图 121），用感应笔尖将"对称轴"图层移动到图层的最下方。

图 121　给对称轴设置专用图层

6.6　建图层组

　　点击操作界面左侧的"新建图层组"按钮，会在"对称轴"图层上方新建一个文件夹图标，这就是图层组，双击命名为"头"，然后用感应笔尖把头部 3 个原始图像图层移动到图层组里（图 122）。

　　点击"头"图层组，激活成为蓝色，压下"Ctrl"键，用感应笔尖拖动图层组向右侧移动，使对称轴位于头部影像的中轴位置。此时发现有 2 个对称轴（图 123）。检查后，该对称轴是"头 1"图层遗留的老的对称轴，隐藏"头 2""头 3""对称轴"3 个图层，点击"矩形"选择工具，框选对称轴左侧的头部图像，点击"选择"下拉框，点选"反选"（图 124），点击"编辑"下拉框，点击"剪切"（图 125）。

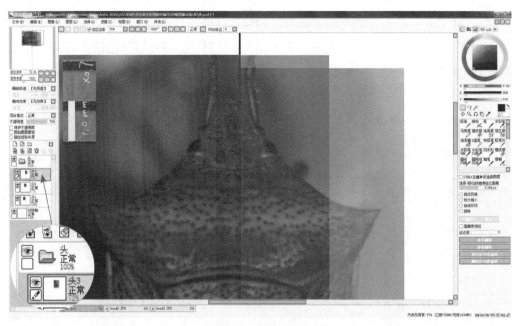

图 122　移动 3 个头部图层到图层组中

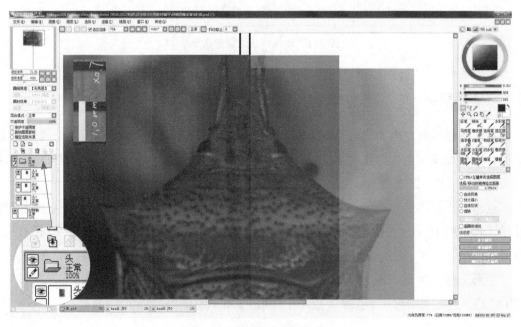

图 123　遗留对称轴的消除 I

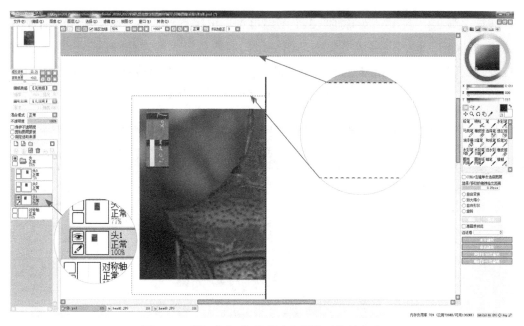

图 124　反选"头 1"图层头部图像以外的部分

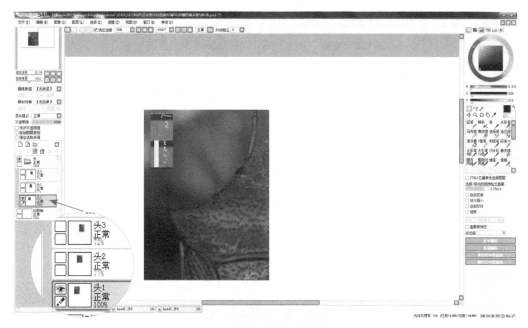

图 125　剪切反选部分的效果

6.7 头部拼图

恢复"头 2""头 3""对称轴"3 个图层可见，再次点击"头"图层组，激活成为蓝色，压下"Ctrl"键，用感应笔尖拖动图层组向右侧移动，使对称轴位于头部影像的中轴位置，发现"头 1"图层对对称轴有遮蔽，点击"头 1"图层检查，发现其不透明度为100%（图 126），点击操作界面左侧的不透明度色条，改为 40%~50%（图 127）。

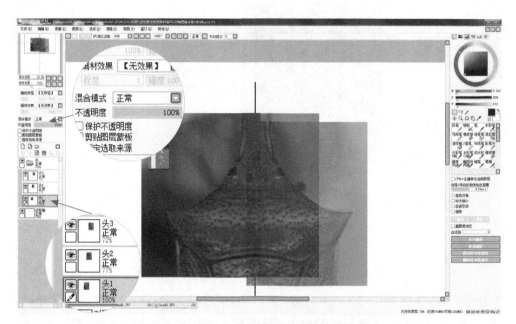

图 126 检查"头 1"图层对对称轴的遮蔽原因

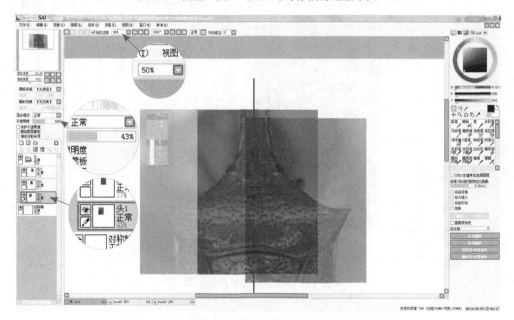

图 127 调整透明度使对称轴和头端部的位置关系清晰

6.8　核查对称性及腹部拼合

同时压下"Ctrl+空格"，点击感应笔尖放大（图 128），发现对称轴向左偏，再次激活"头"图层组，压下"Ctrl"键，用感应笔尖把"头"图层组移动至头部中线和对称轴完全重合位置（图 129）。

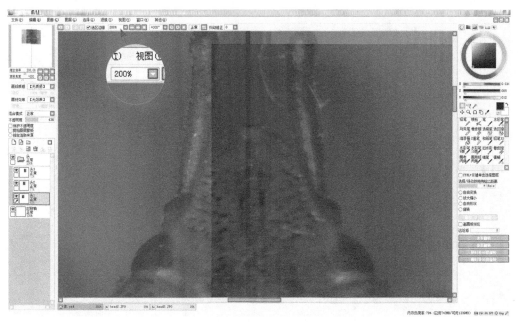

图 128　头部对称效果的瑕疵

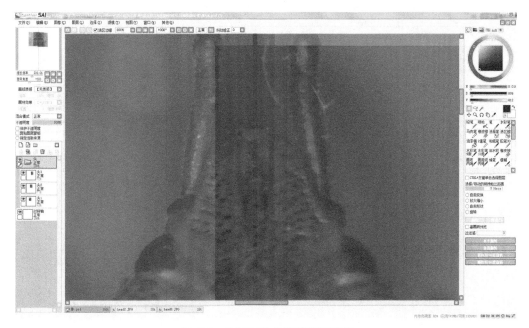

图 129　头部对称效果的精细调节

点击"重置视图的显示位置"（图 130）。显示拼接效果良好，可以继续拼接其他部分。关闭"head2 . jpg"文件和"head3 . jpg"文件，节省磁盘空间。

在 SAI 中打开"thorax1 . jpg""thorax2 . jpg""thorax3 . jpg"3 个胸部原始采集图像文件。重复前面的操作，同时建立"胸"图层组，把胸部和腹部前端对齐，胸部图片的透明度调整到 50% 左右。发现"胸 2"图层几乎不影响拼合效果，可以暂时隐藏起来。

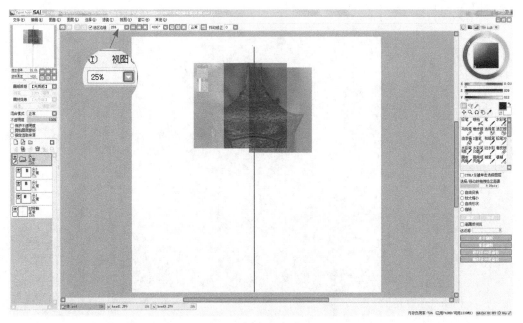

图 130 头部和前胸拼合图像在画布中的位置

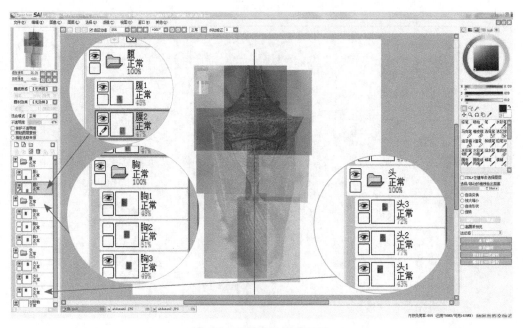

图 131 体躯整体拼合效果

关闭 3 个胸部原始采集图像文件，以节省磁盘空间。打开"abdomen1．jpg""abdomen2．jpg" 2 个腹部原始采集图像文件。重复前面的操作，对齐腹部图像（图 131）。

检查腹部末端和对称轴的位置关系，初步判断对称效果良好。

6.9 半幅轮廓线稿的绘制

关闭"abdomen1．jpg""abdomen2．jpg" 2 个文件，以节省磁盘空间。点击"腹"图层组，点击"新建图层"，自动在该组内新建一个图层，命名为"体线稿"，将此新建图层移动"腹"图层组外部，"体线稿"图层即在最顶层。

压下"N"键，快捷启动"铅笔"工具，压下"Alt"键，同时点击色轮内方形色块左下角，选取黑色作为前景色，笔尖形状选"圆帽"形，笔尖最大直径选 6 像素，把同蟳体躯的外轮廓描绘出来，隐藏其他图层，仅显露"体线稿"图层和"对称轴"图层（图 132）。

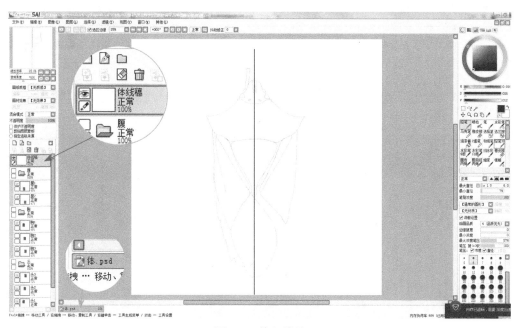

图 132　体躯线稿

点击"矩形"选择工具，用感应笔尖框选左侧半边，点击"套索"工具，压下"Shift"键，用感应笔尖把左前翅的膜区端部圈住，此时膜区端部的套索选区与对称轴左侧的框形选区合并（图 133 A）。

同时压下"Ctrl+C"，复制选区，同时压下"Ctrl+V"，在体线稿图层上方自动建立一个新图层，命名为"左侧线稿"，隐藏"体线稿"图层，同时压下"Ctrl+D"，取消选区，显露"左侧线稿"图层（图 133 B）。

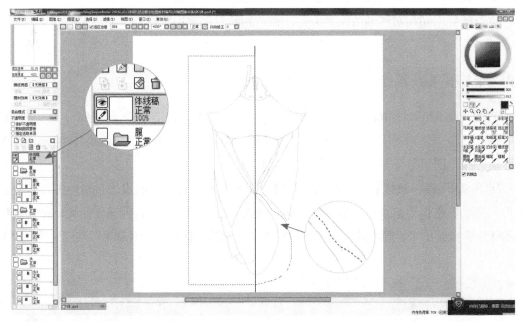

图 133A　制作体躯左侧线稿的选区

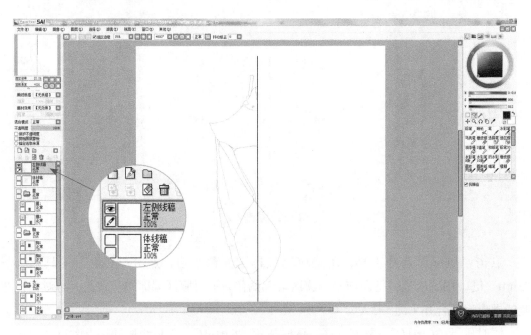

图 133B　体躯左侧线稿

6.10 整幅轮廓线稿的合成

点击"矩形"选择工具，选择对称轴左侧线稿，同时压下"Ctrl+C"，复制选区到剪切板，再同时压下"Ctrl+V"，复制图层，此时会在"左侧线稿"上方自动生成一个图层，双击命名为"右侧线稿"。同时压下"Ctrl+T"，用感应笔尖点击操作界面右侧下方的"水平翻转"按钮（图134），然后点击"Enter"键确认，完成自由变换。

同时点击"Ctrl+D"，取消选区（图135）。

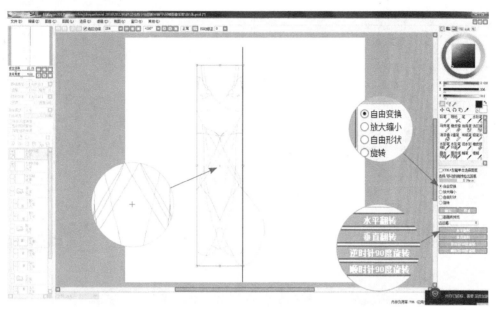

图 134　对"左侧线稿"的复制图层"右侧线稿"进行水平翻转

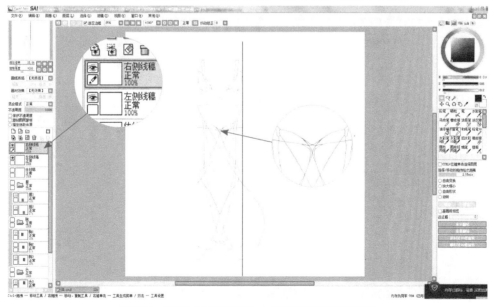

图 135　取消"右侧线稿"水平翻转后的默认选区

压下"Ctrl"键，用感应笔尖拖动"右侧线稿"图层到对称轴的右侧（图136）。同时压下"Ctrl+空格"，用感应笔尖点击数位板，进行放大操作（图137）。发现头部前段左侧和右侧的线条不连贯，需要微调。

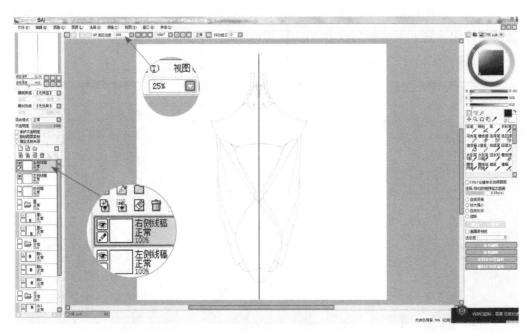

图136 移动"右侧线稿"至对称轴的右侧

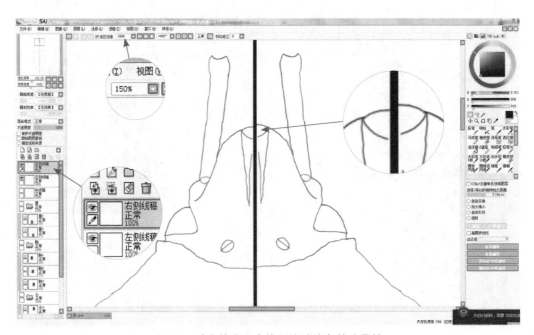

图137 放大检查左右体躯线稿线条的连贯性

　　压下"Ctrl"键，用感应笔尖点击数位板，轻轻向下移动，把右侧的线条和左侧线条完全连贯起来（图138）。

　　点击操作界面上方的"重置视图的显示位置"，点击"对称轴"图层左侧的"隐藏图层"图标，"眼睛"图案消失（图139）。检查对称轴遮蔽部分的左右体躯线稿线条的连贯性，发现断口，可直接用"铅笔"工具补上。

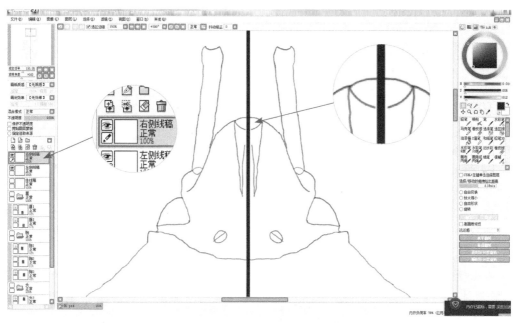

图138　调整左右体躯线稿线条的连贯性

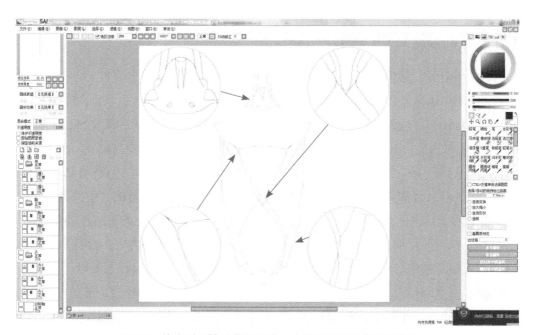

图139　检查对称轴遮蔽部分的左右体躯线稿线条的连贯性

同时压下"Ctrl+空格",点击感应笔尖,放大图层,仔细检查全部线条,发现有缺口的地方,用"铅笔"工具直接修补完整,为下一步建立底色选区做准备。修补线稿时,笔尖最大直径仍然设置为6像素,颜色选取黑色,笔尖形状选择"山峰"形。左右体躯线稿修正完成后,效果参见图140。

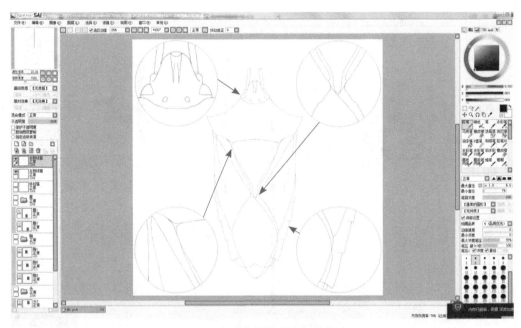

图 140 左右体躯线稿线条的修正

6.11 触角的添加与姿态控制

在 SAI 中打开"触角 . psd"文件,同时打开"5 标尺集合 . jpg"文件,点击操作界面右侧的"矩形"选择工具,用感应笔尖在 0.7 倍 1.0 mm 标尺上拉出 1 个矩形框(图 141),同时压下"Ctrl+C",点击操作界面下方的"触角 . psd"按钮,激活该文件,同时压下"Ctrl+V",复制标尺。压下"Ctrl"键,同时用感应笔尖拖动标尺到空白位置(图 142)。

点击"文件"下拉框,点击"另存为",弹出"保存图像"对话框(图 143),命名为"触角彩色 . jpg"(此时需要键盘输入"触角彩色",然后点击下一行的"文件类型"最右侧倒三角形的下拉图标,找到"jpg"格式,单击"确定",才可完成新图片的命名),再次点击"文件"下拉框,点击"另存为",弹出"保存图像"对话框,命名为"触角彩色 . sai",关闭"触角彩色 . sai",重新打开"触角彩色 . jpg"(图 144)。

同时压下"Ctrl+A",全选彩色触角及标尺图形,同时压下"Ctrl+C",复制彩色触角图像到剪切板,点击操作界面下方"体 . psd"文件按钮,点击最上方"右侧线稿"图层,同时压下"Ctrl+V",复制彩色触角,这时会自动建立一个新图层,SAI 软件会自动命名为

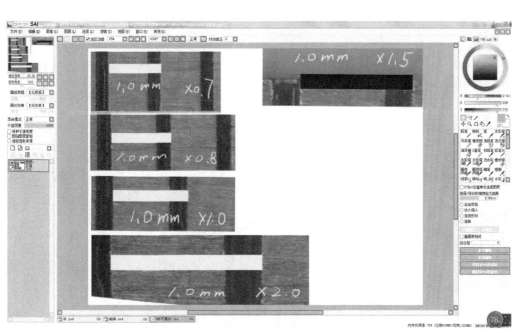

图 141　复制标尺

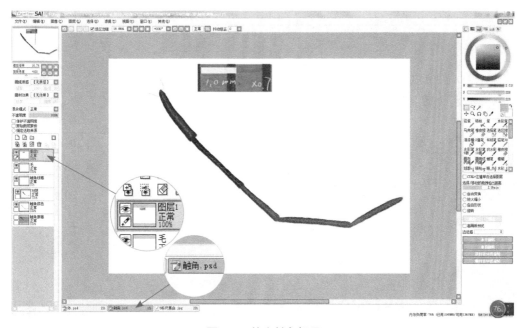

图 142　补充触角标尺

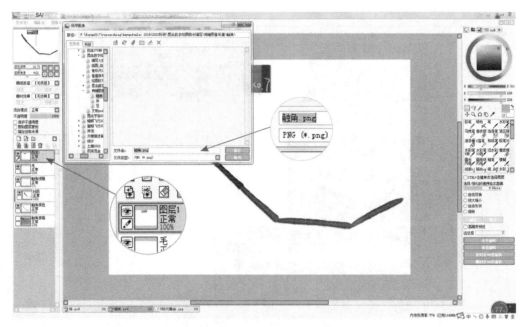

图 143　打开"保存图像"对话框

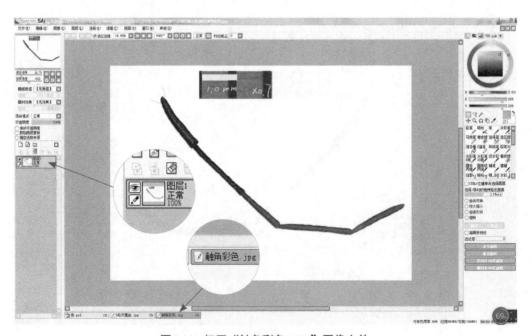

图 144　打开"触角彩色.jpg"图像文件

"图层 1"（图 145），点击"不透明度"，设置为 70%。同时压下"Ctrl+T"，启动自由变换，用感应笔尖缩小图像的大小，使触角全部在画布上可见（图 146），点击"Enter"键确认自由变换结果。在图层操作区双击"图层 1"图标，重新命名该图层为"彩色触角"。

点击"头"图层组左侧的"显示图层"按钮，"眼睛"图案露出，点击"头 1"图层左

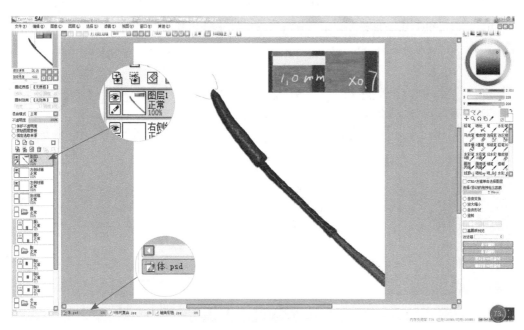

图 145 复制彩色触角到"体 . psd"文件中

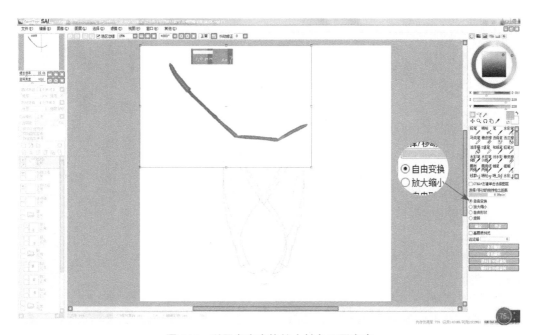

图 146 利用自由变换缩小触角至画布内

侧的"显示图层"按钮，显露"头1"图层中的标尺。点击"彩色触角"图层，同时压下"Ctrl+A"，全选后，再同时压下"Ctrl+T"，开始自由变换，把彩色触角的"标尺"和"头1"图层的标尺靠近，用笔尖调节"彩色触角"图层中的触角图像的大小，使2个标尺的长度完全一致（图147），此时不再变换大小，仅移动位置和旋转角度至彩色触角的第2节和"体线稿"中触角第1节末端相连（图148），压下"Enter"键确认自由变换结果。压下"Ctrl"键，同时用右手敲击"↑"键，精确调整触角的位置，使触角第1、2节间的连

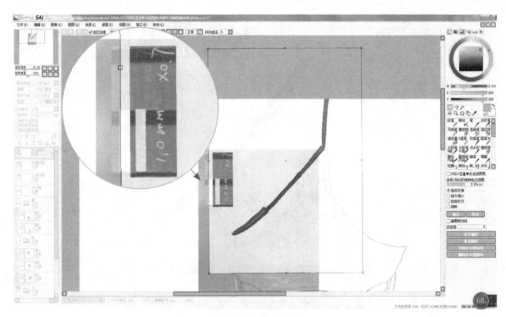

图147 通过自由变换调节触角标尺和体标尺一致

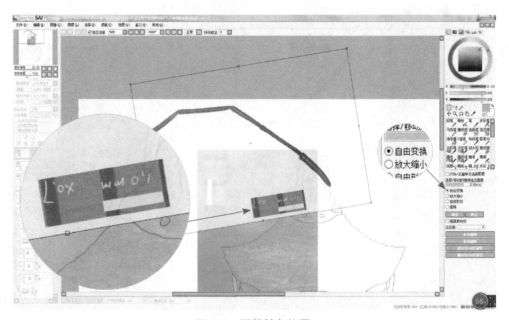

图148 调整触角位置

接自然。同时压下"Ctrl+D"取消选区。点击"矩形"选择工具，选中"彩色触角"图层中的标尺，用感应笔尖移动到左上角次要位置区域（图149）。同时压下"Ctrl+D"取消选区。

用感应笔尖点击"套索"工具，然后在"彩色触角"图层上圈选触角第1节（图150），同时压下"Ctrl+C"，再同时压下"Ctrl+V"复制第1节触角到新建的图层上，双击该图层，命名为"触角1节"（图151）。调节该图层的不透明度为50%。

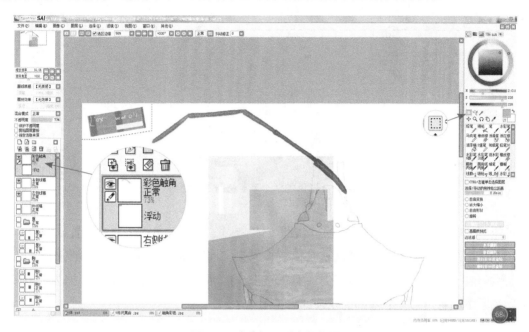

图149　移动标尺到次要位置

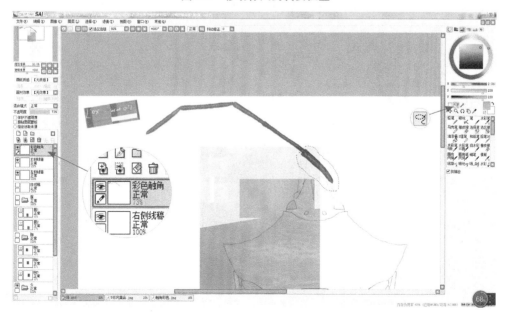

图150　用"套索"工具圈选彩色触角第1节

93

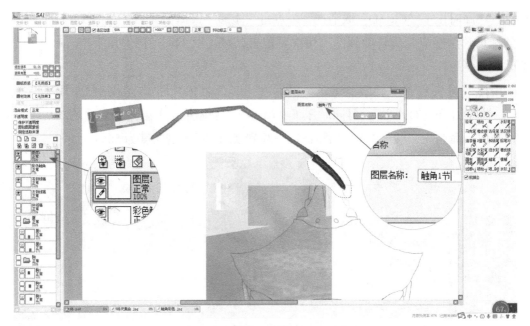

图 151　彩色触角 1 节复制图层的命名

压下"Ctrl+T"，启动自由变换，按照"体 . psd"中的触角第 1 节的位置，调节至重合（图 152），压下"Enter"键确认自由变换结果。同时压下"Ctrl+D"取消选择，隐藏"彩色触角"图层，点击"橡皮擦"工具，点击"]"放大笔尖至合适大小，擦去"触角 1 节"图层中的触角第 2 节基部的残余部分（图 153）。

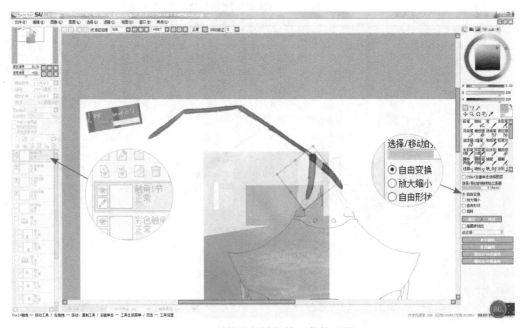

图 152　调整彩色触角第 1 节的位置

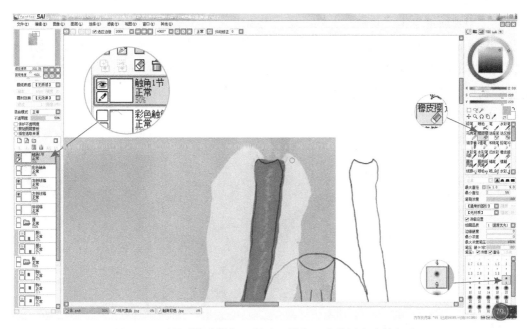

图 153　利用"橡皮擦"工具清理触角 1 节外侧多余的部分

　　隐藏"触角 1 节"图层，显示"彩色触角"图层，并激活它，仍然利用"橡皮擦"工具把此图层中的触角第 1 节去掉（图 154）。

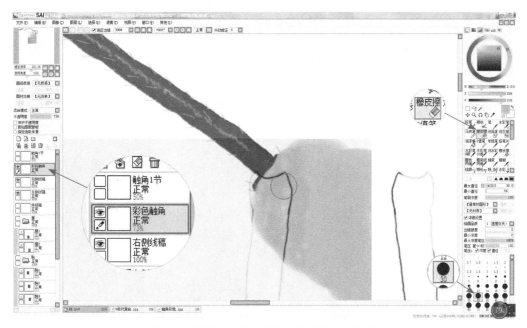

图 154　"彩色触角"图层中第 1 节触角的擦除

　　隐藏"头"图层组，显露"触角 1 节"图层，同时压下"Ctrl+ 空格"，点击鼠标，放大图像，用感应笔点击"套索"工具，在"触角1节"图层上圈选触角1节端部左上角的灰色区域（图155），同时压下"Ctrl+X"去掉该灰色图层干扰。恢复"彩色触角""触角1节"2个图层的不透明度为100%。点击"重置视图的显示位置"（图156）。头部线稿的完整受到这2个触角图层底色的干扰。

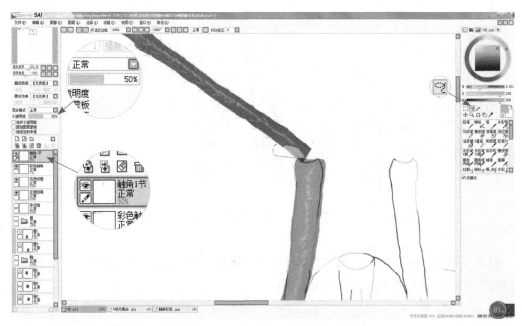

图155　去掉"触角1节"图层底色的干扰

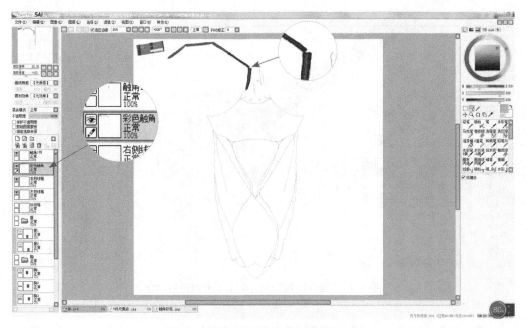

图156　显示触角组装后在体躯的位置

点击"触角1节"图层，激活后，在操作界面左侧的图层面板中点击"向下合拼"按钮，把"彩色触角"移动到"体线稿"图层下方，虫体头部的线稿重现完整。

同时压下"Ctrl+空格"，点击感应笔尖，放大图像，点击"喷枪"工具，点击"["或"]"，选择合适的笔尖，把第1节和第2节触角的连接部分修改自然。点击"铅笔"工具，点击"选色器"，选取黄色，补上刚毛（图157）。

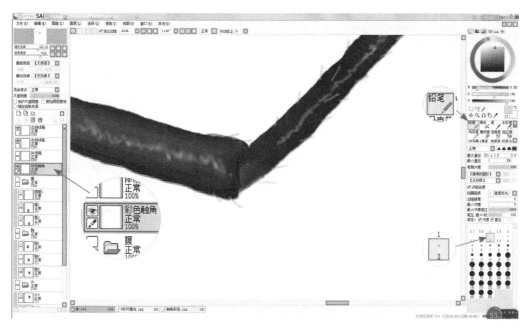

图157 触角刚毛的添补

点击"重置视图的显示位置"查看效果。同时压下"Ctrl+A"，同时压下"Ctrl+C"，复制"彩色触角"图层，同时压下"Ctrl+V"，此时会新建一个图层，命名为"右触角"，同时压下"Ctrl+T"，启动自由变换，点击右侧的"水平翻转"按钮（图158）。按压"Enter"键确认变换结果。

压下"Ctrl"键，同时用右手压下"→"键，移动"右触角"图层到适当位置，使第1节与"体线稿"的第1节触角重合（图159）。同时按下"Ctrl+D"取消选区。点击"套索"工具，对右触角进行圈选操作，注意尽量靠近右触角，但要包含刚毛（图160）。

点击"选择"下拉框，点击"反选"，画布上右触角以外的区域被选中，同时压下"Ctrl+X"，露出被其底色遮盖的其他图层（图161）。

隐蔽"右触角"图层，点击"彩色触角"激活该图层，点击"橡皮擦"工具，把右触角外侧的铅笔线条擦除（图162）。

再次显露"右触角"图层，点击"重置视图的显示位置"，查看效果（图163）。

类似的，可以完成前足、中足、后足的添加。

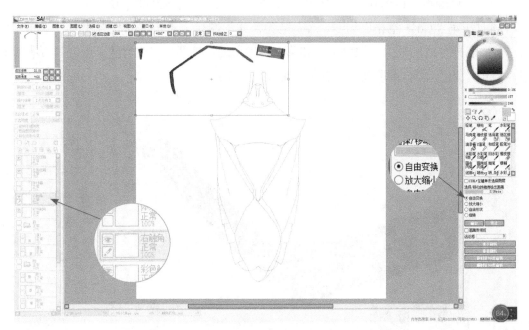

图 158　水平翻转左侧触角复制图层为右侧触角

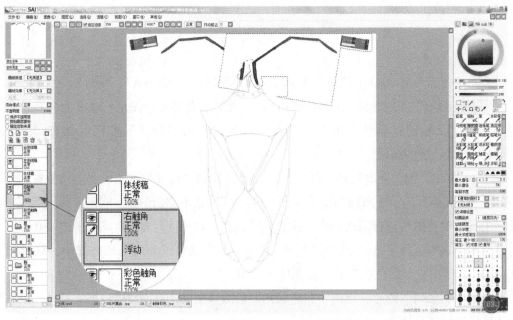

图 159　调整右触角位置

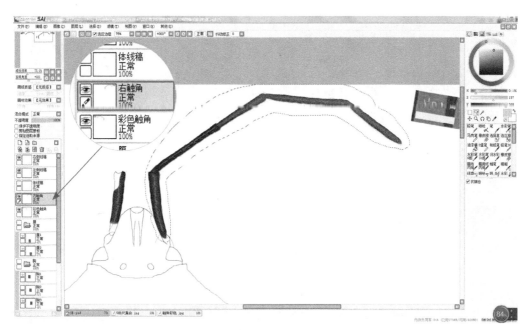

图 160　用"套索"工具圈选右触角

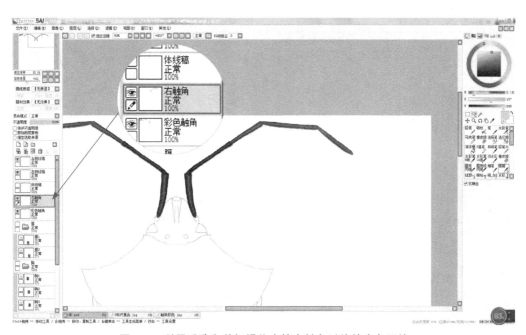

图 161　利用反选和剪切操作去掉右触角以外的底色干扰

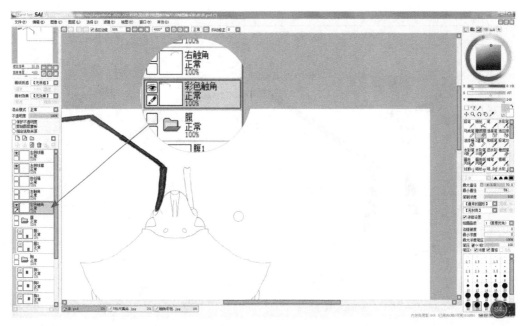

图 162　清理右触角外侧的多余线条的效果

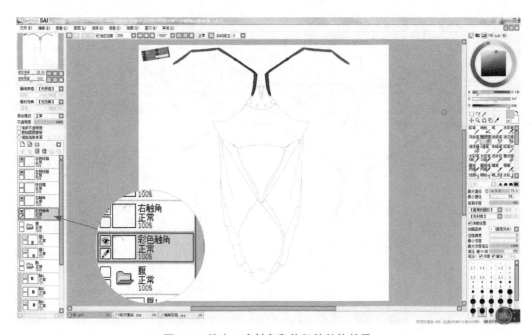

图 163　检查 2 个触角和体躯的整体效果

6.12 前足的添加与姿态控制

对同蝽的腹面进行图像采集，物镜倍数设定为 0.7 倍。启动 Photoshop 软件（版本号 20.0.4），点击"文件"下拉框，点选"脚本"，继续点选"将文件载入堆栈"（图 164），弹出"载入图层"对话框（图 165），点击"浏览"，找到刚刚采集的同蝽腹面图像，点选

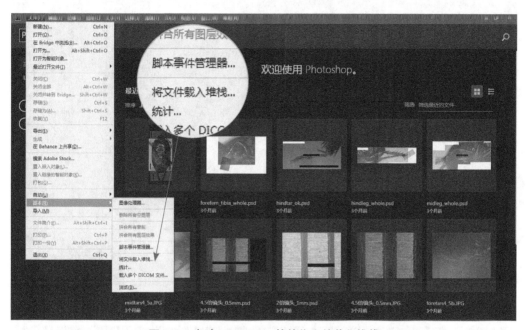

图 164　启动 Photoshop 软件将文件载入堆栈

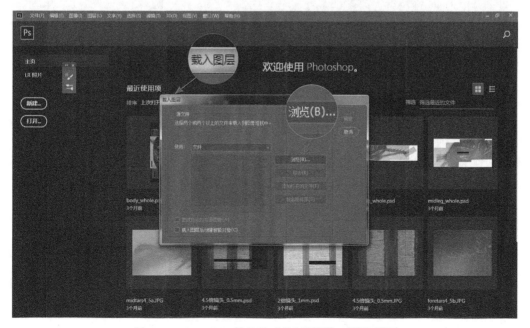

图 165　Photoshop 软件的"载入图层"对话框界面

左下角的"尝试自动对齐源图像（A）"（图 166），点击"确定"，得到同蟪腹面合成影像（图 167）。

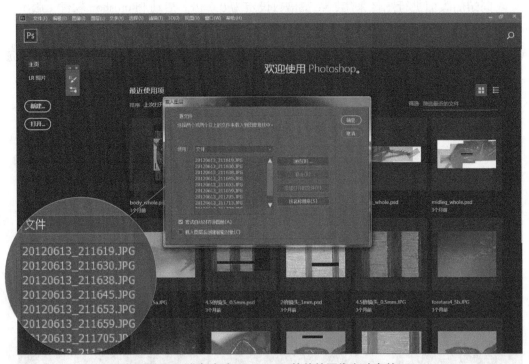

图 166　准备启动 Photoshop 软件的图像自动合并

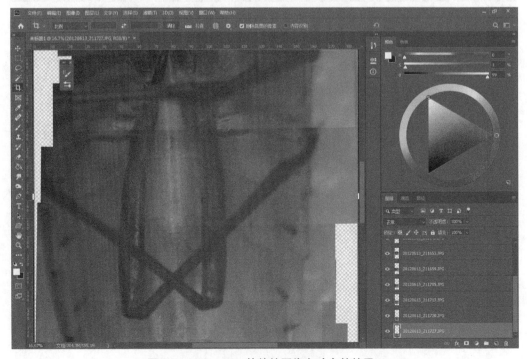

图 167　Photoshop 软件的图像自动合并效果 I

轻轻转动鼠标上的滑轮，缩小图像，把同蝽腹面完全显露（图168）。用鼠标点击右侧的图层面板右侧的滑条，点击第1个图层，压下"Shift"键，同时向下拉动滑条，看到最后1个图层后，用鼠标点击，此时所有图层均被选中，点击"编辑"下拉框，点选"自动混合图层"按钮（图169），弹出"自动混合图层"对话框（图170），点选"全景图"，

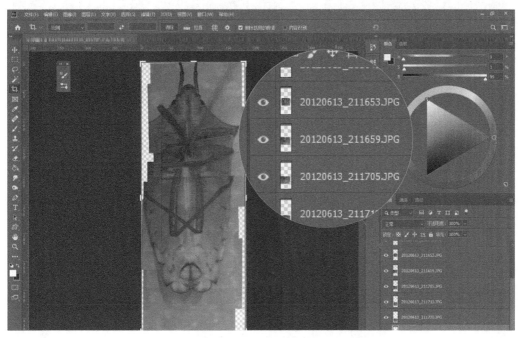

图168　Photoshop 软件的图像自动合并效果Ⅱ

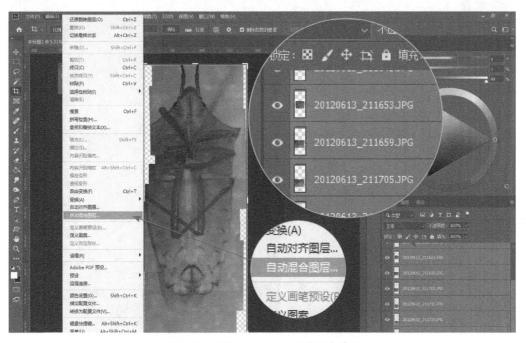

图169　启动 Photoshop 自动混合功能

点击"确定"。

此时弹出对话框"不能填充，因为没有足够内存（RAM）"（图171）。用鼠标点选右

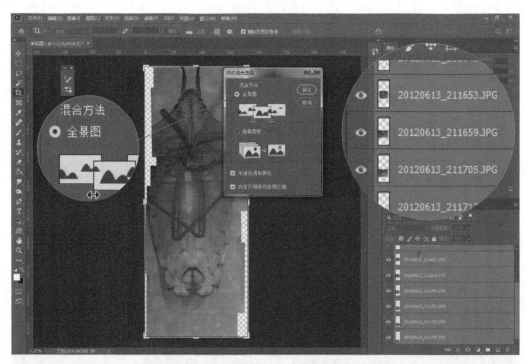

图 170   Photoshop 软件"自动混合图层"对话框

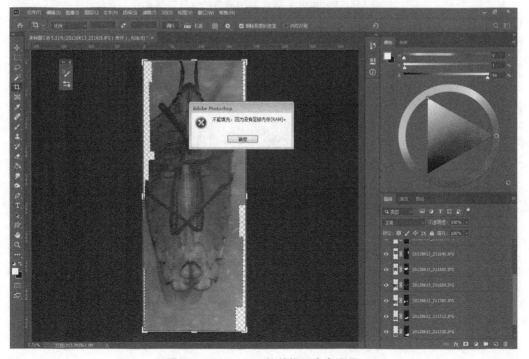

图 171   Photoshop 软件提示内存不足

侧全部图层，除了第1个合并图层以外，全部删去，以节约磁盘空间（图172）。

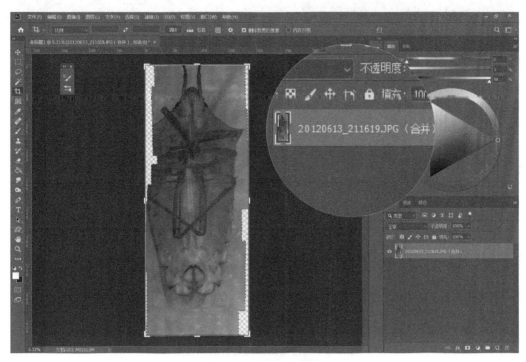

图172 删去多余图层

打开"0.7倍1.0 mm"，用感应笔尖选画1个矩形选区，"Ctrl+C"，复制到剪切板上，再打开"同蝽腹面"临时文件，"Ctrl+V"，会自动新建1个图层，里面包含复制的标尺，压下"Ctrl"键，用感应笔尖拖动标尺到右上角，点击"图层"，选择"合并图层"，点击"图像"下拉框，点选"图像大小"，自动弹出"图像大小"对话框，点击"宽度"后面的"厘米"单位外侧的选项下拉按钮，选择百分比，把前方的数值由100改为30，此时文件会显著变小，

点击"文件"下拉框，点击"存储为"，选择"jpg"格式保存，图片文件命名为"同蝽腹面.jpg"（图173）。

关闭Photoshop软件。重新打开SAI，打开"体.psd"文件，打开"同蝽腹面.jpg"文件，同时压下"Ctrl+A"，同时压下"Ctrl+C"复制同蝽腹面图像到剪切板，点击操作界面下方的"体.psd"按钮，点击"右触角"图层，同时压下"Ctrl+V"复制同蝽腹面，会自动建立1个新图层，双击命名为"同蝽腹面原稿"，调节不透明度为50%。同时压下"Ctrl+T"，启动自由变换，把"同蝽腹面原稿"与"体线稿"的轮廓尽量重合（图174）。

点击"新建图层"按钮，双击命名为"基节定位"，如果基节轮廓看不清楚，点击"同蝽腹面原稿"图层，把不透明度提高到70%，点击操作界面上方的"放大显示"按钮，

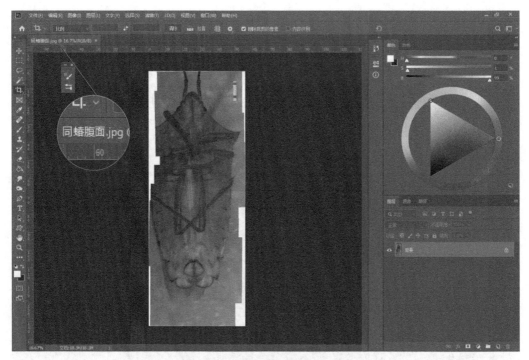

图 173　同蝽腹面图像合并后的效果

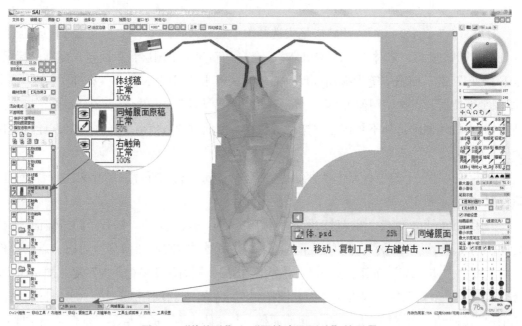

图 174　"体线稿"和"同蝽腹面原稿"的重叠

点击"基节定位"图层，激活后，压下"N"键，快捷启动"铅笔"工具，前景色选黑色，笔尖直径选6像素，笔尖形状选"圆帽"形，把虫体右侧（视图左侧）的前足、中足、后足基节的位置描出，压下"E"键，擦去多余线条；显露"对称轴"图层（图175）。

隐藏"同蝽腹面原稿"图层，关闭"同蝽腹面.jpg"，打开"前足.png"文件，同时压下"Ctrl+A"，同时压下"Ctrl+C"复制同蝽前足到剪切板后，点击"体.psd"，点击"基节定位"图层，同时压下"Ctrl+V"（图176）。

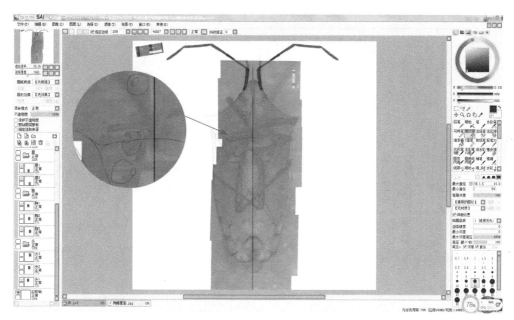

图175　确定各足基节位置

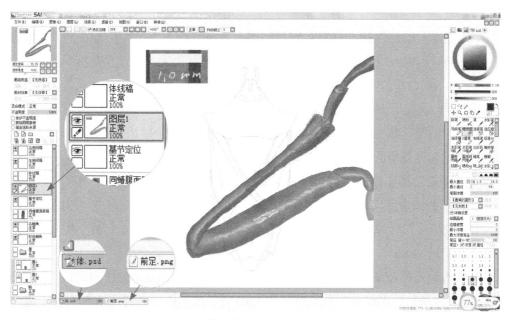

图176　复制前足到"体.psd"文件

调节不透明度为 70%，同时压下"Ctrl+T"，启动自由变换，压下"Shift"键，锁定纵横比例，用感应笔尖调节大小，使前足的比例尺和线稿的比例尺（＝触角的比例尺）大小基本一致，点击"Enter"键确认自由变换（图177）。双击此新建图层，命名为"前足"。

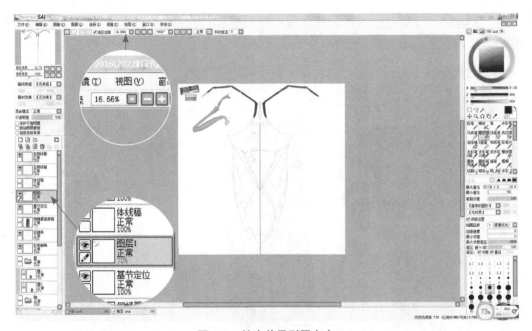

图 177　缩小前足到画布内

隐藏"前足"图层。双击"彩色触角"图层，把图层名称改为"左触角"。点击"套索"工具，把左触角的标尺圈住，同时压下"Ctrl+T"，启动自由变换，把标尺摆成水平（图178），点击"Enter"键确认自由变换。同时压下"Ctrl+D"取消选区。显露"前足"图层，同时压下"Ctrl+T"，启动自由变换，精确调整标尺大小，使前足标尺和触角标尺的大小完全一样（图179）。注意调整标尺大小时，要压下"Shift"键，锁定"前足"图层的纵横比例。压下"Enter"键，确认自由变换结果。压下"Ctrl"键，用感应笔尖点击数位板，把"前足"图层移动到适当位置，使"前足"图层中前足基节的位置和"基节定位"图层中的前足基节的位置一致（图180）。

点击"前足"图层，激活后，同时压下"Ctrl+T"，启动自由变换，进行旋转，使股节从前胸背板侧缘中部深处，而基节和转节连接的位置保持不变。点击"图层"下拉框，点击"复制图层"（图181），透明度不变，仍为70%，双击此图层，命名为"前足胫节"（图182）。压下"Enter"键，确认变换结果。

此时发现画布略微局促，需要调整。点击"图像"下拉框，点击"画布大小"，弹出"画布大小"对话框，调整高度的百分比为120，"定位"中的白色小块至下方中部位置，点击"确定"（图183）。触角上方的空白画布扩展了不少（图184）。

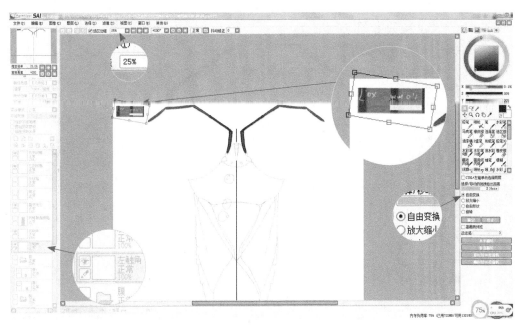

图 178　利用自由变换调整触角标尺的位置

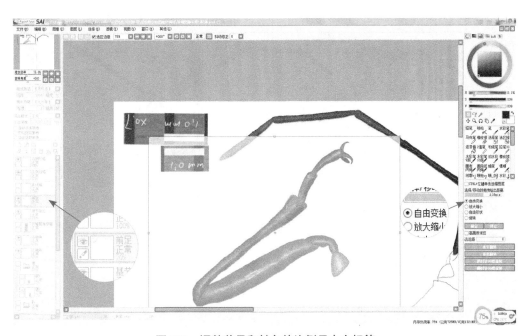

图 179　调整前足和触角的比例尺大小相等

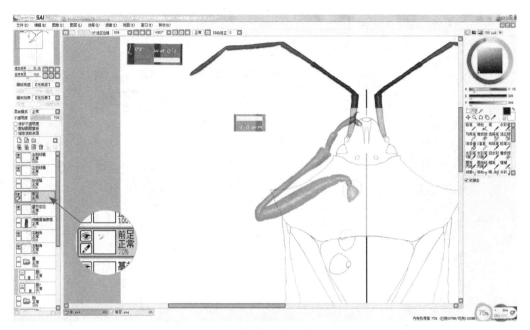

图 180　调整前足基节的位置

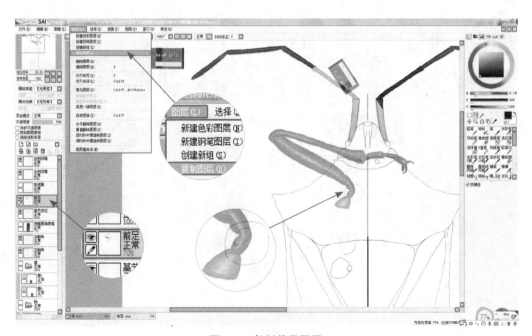

图 181　复制前足图层

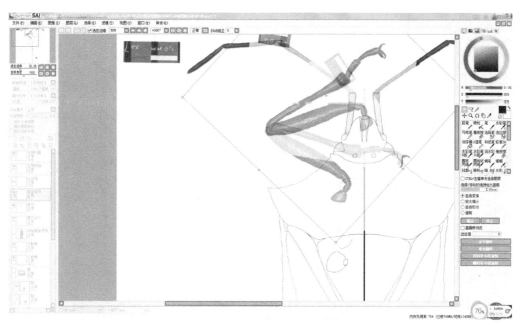

图 182　调整复制前足图层的胫节位置

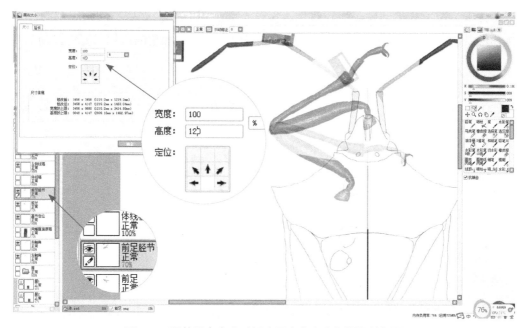

图 183　调整画布大小以解决画布上方空间局促的问题

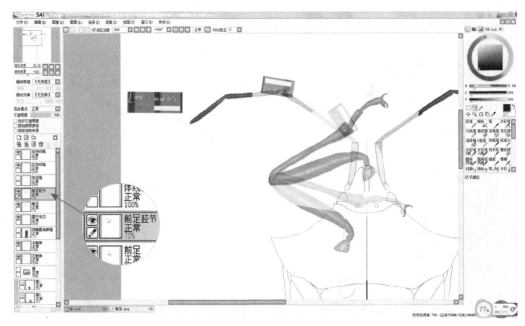

图 184　画布高度扩大后的效果

再次同时压下"Ctrl+T"启动自由变换，调整前足胫节的位置和角度，使前足胫节和股节的连接自然（图 185）。压下"Enter"键确认自由变换结果。分别擦去 2 个前足图层的多余部分，保留"前足"图层的股节，多余的胫节及跗节删去；把"前足胫节"图层中的股节擦去，跗节和爪的姿态比较自然，保持不动（图 186）。如果不同图层中的背景有干扰，可以参考触角姿态调整部分的反选和剪切操作（6.11 触角的添加与姿态控制）。

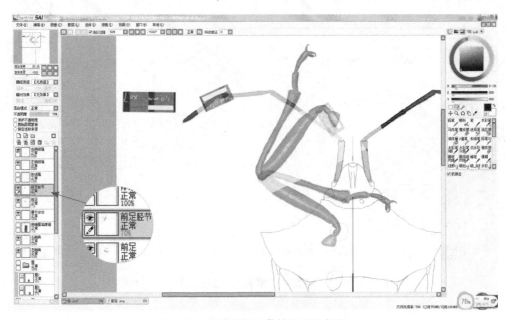

图 185　调整前足胫节的位置和角度

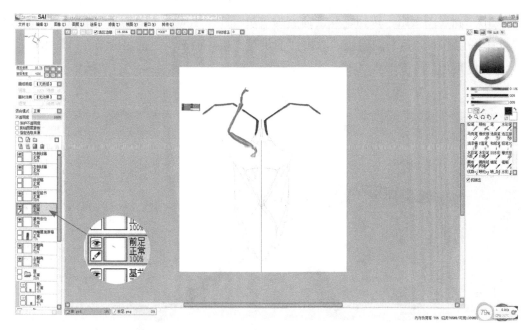

图 186　前足的姿态调整

　　点击"前足胫节"图层，激活后，同时压下"Ctrl+ 空格"，用感应笔尖在数位板上点几下，放大前足胫节图像，点击"套索"工具，沿胫节外侧和触角相接处圈住背景图层，同时压下"Ctrl+X"，剪切掉多余的底色干扰，重复几次（图 187），使触角和前足的交错处自然。

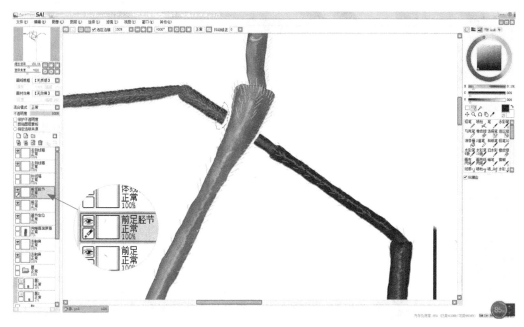

图 187　前足和触角交错处的处理

点击"新建图层组"按钮，双击命名为"足"图层组（图 188），把"前足""前足胫节"2 个图层移入"足"图层组。双击"前足"图层，命名为"前足股节"（图 189）。点击"足"图层组。

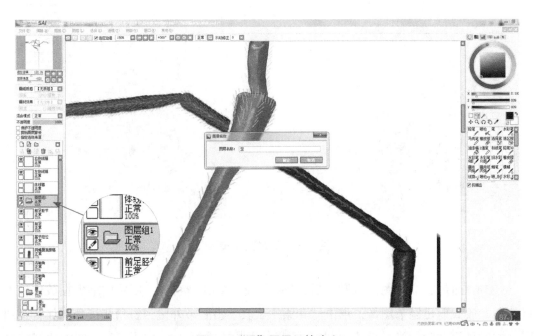

图 188 "足"图层组的建立

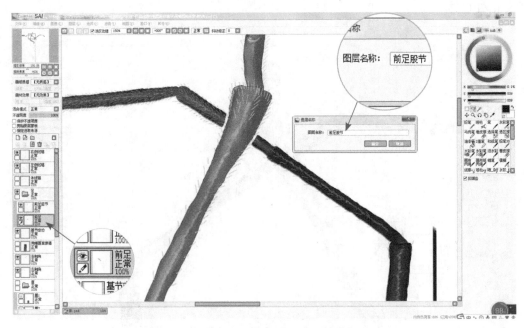

图 189 "前足"图层改名为"前足股节"图层

点击"新建图层"按钮，双击命名为"标尺"。同时压下"Ctrl+ 空格"，在数位板上点击感应笔尖，放大图像，点击"矩形"选择工具，比对触角左侧的标尺图像拉出1个同样的矩形，点击"油漆桶"工具，点击"选色器"选取黑色，用感应笔尖点击矩形选区。压下"Ctrl"键，用感应笔尖拖动黑色矩形标尺到原来标尺图案的上方（图190）。同时压下"Ctrl+D"，取消选区。

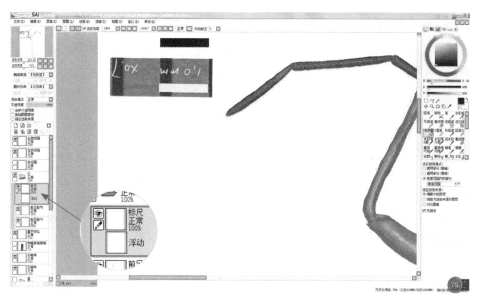

图190 标尺图层的制作

点击操作界面上方的"缩小显示"按钮，隐蔽"足"图层组，点击"左触角"图层，激活后，用"套索"工具沿左侧触角周围进行圈选（图191），注意要包含触角上的刚毛。

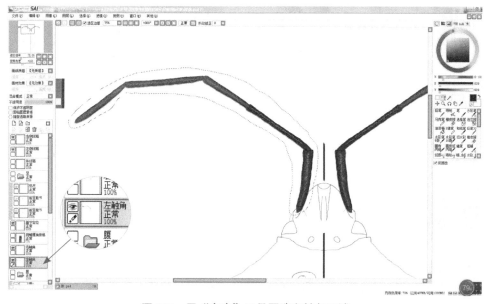

图191 用"套索"工具圈选左触角区域

点击"选择"下拉框，点选"反选"，进行剪切操作，点击"缩小显示"2下（图192），同时压下"Ctrl+X"（图193），左触角背景图层上的标尺就被清理了。

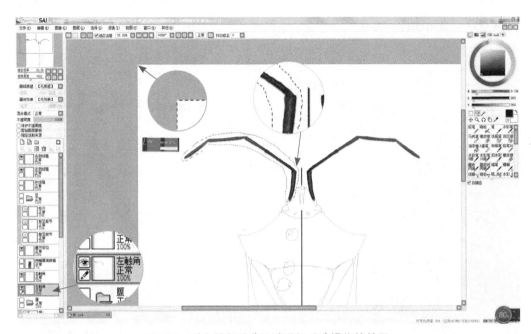

图 192　对左触角圈选区域进行反选操作的效果

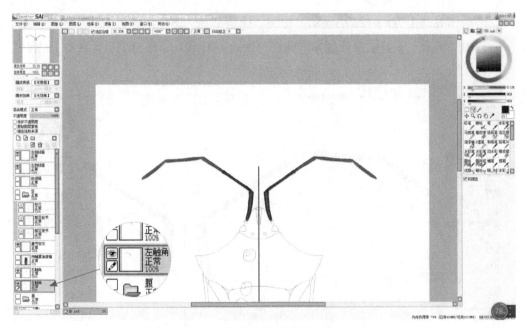

图 193　对左触角图层的背景进行清理的效果

显露"足"图层组，用感应笔尖拖到"左触角"图层下方（图194）。点击"左触角"图层，激活后，点击"套索"工具，在左触角外侧和左前足胫节交错的地方圈选背景，压下"Shift"键，可以同时选中多个选区（图195），同时压下"Ctrl+X"，进行剪切操作，清理背景，重复几次剪切操作，使触角和前足胫节的交错处自然（图196）。

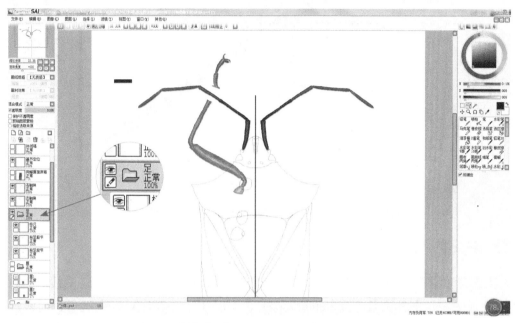

图194 移动"足"图层组到"左触角"图层下方

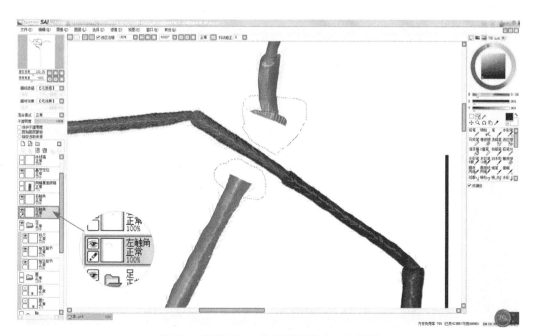

图195 利用"Shift"键同时选中2个选区

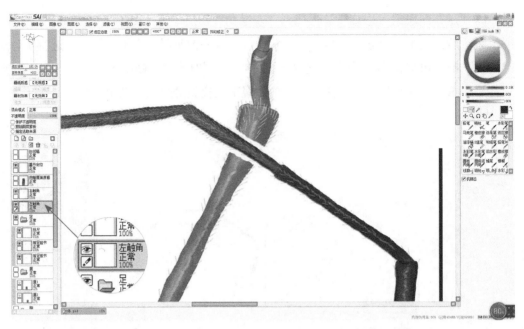

图 196 利用"套索"工具清理左触角外侧的背景图层的效果

6.13 中足的添加

点击"重置视图的显示位置",点击"足"图层组的"标尺"图层,激活后,打开前面绘好的中足图片文件"midfemora. png",同时压下"Ctrl+A",全选后,同时压下"Ctrl+C",复制中足到剪切板,点击"体 . psd"按钮,同时压下"Ctrl+V",复制中足到"足"图层组内(图 197)。

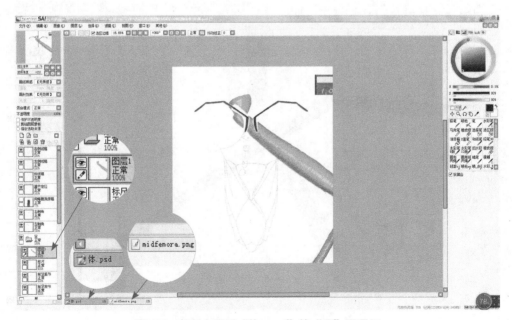

图 197 复制中足到"体 . psd"的"足"图层组

同时压下"Ctrl+T"，启动自由变换，把中足缩小，完全放入画布内，使中足标尺的大小和原标尺的大小尽量一致（图198）。然后用感应笔尖拖动中足到虫体右侧适当位置，使中足基节的位置尽量自然，同时使中足股节在前翅基部水平方向向外伸出（图199）。压下"Enter"键确认自由变换效果。

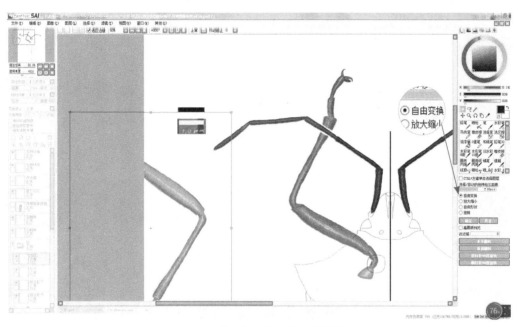

图198　中足标尺和原标尺的校准

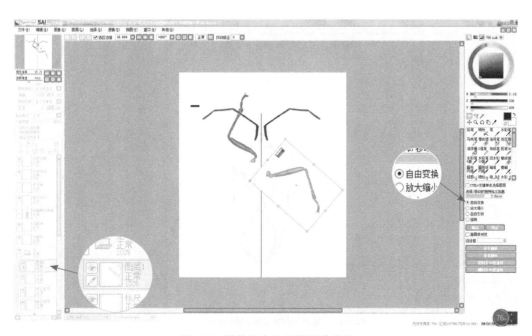

图199　整体图右中足的摆放效果

双击此新建图层，命名为"中足"。同时压下"Ctrl+T"，启动自由变换，点击"水平翻转"（图 200），压下"Enter"键确认变换结果。左手压下"Ctrl"键，同时用右手敲击"←"键，把翻转后的中足水平移动到对侧（图 201）。

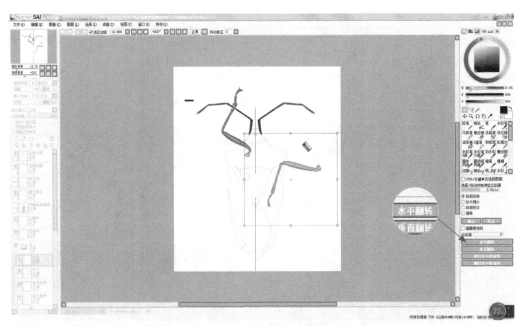

图 200　对中足进行"水平翻转"操作

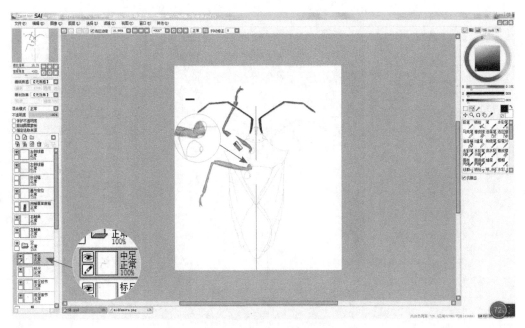

图 201　调整水平翻转后的中足的位置

点击"套索"工具，沿中足外围进行圈选，然后点击"选择"下拉框，点选"反选"，同时压下"Ctrl+X"，剪切除掉中足图层背景上的杂物，包括其中的标尺。点击"放大显示"按钮，查看效果（图202）。同时压下"Ctrl+S"，保存文件。关闭中足图像文件"midfemora.png"。

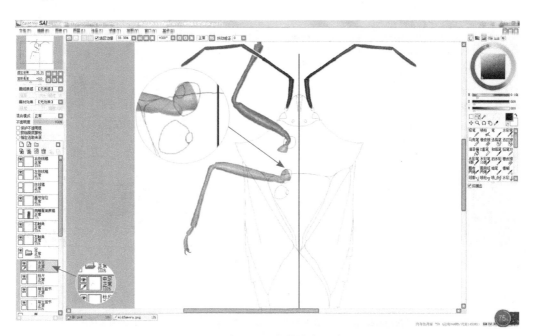

图 202　中足图层背景的清理效果

6.14　后足的添加

类似的，可以完成后足的添加。

点击"标尺"图层，移动至"对称轴"图层上方。压下"Ctrl"键，用感应笔尖移动标尺到虫体下方正中位置（图203）。

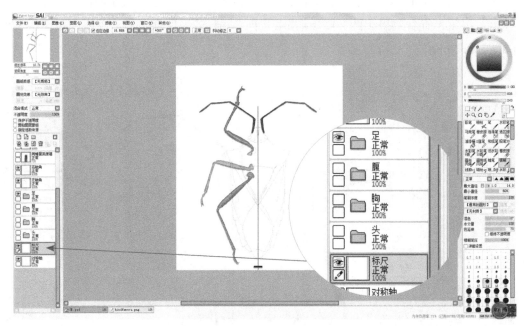

图 203　标尺位置的调整

6.15　细节线稿图层的准备（斑块、刻点、调色）

点击"右触角"图层，点击"新建图层组"按钮，命名为"触角"图层组，用感应笔将"左触角""右触角"2 个图层移入"触角"图层组。隐藏"触角"图层组和"足"图层组。隐藏"基节定位"图层。点击"右侧线稿"图层，点击"向下合拼"按钮。双击合拼后的"左侧线稿"图层，命名为"线稿"。点击"体线稿"图层，激活后，点击"删除图层"按钮。同时压下"Ctrl+S"保存文件（图 204）。关闭后足图片文件"hindfemora.png"。就可以准备细节线稿图层了。

显露"头"图层组，显露"头 1""头 2""头 3"3 个图层，同时压下"Ctrl+ 空格"，用鼠标点击放大（图 205）。

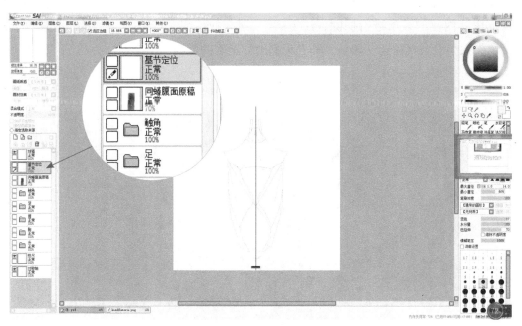

图 204 制作细节图层前的准备

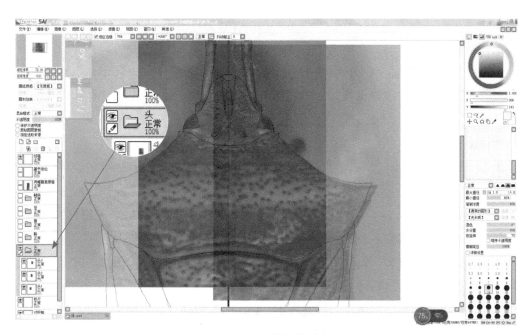

图 205 头部的细节观察

在实体显微镜下仔细观察头部，对头部的线条细节进行修改和细化。点击"线稿"激活该图层，压下"E"键，快捷启动"橡皮擦"，压下"["或"]"，可以调节笔尖大小，对头部中叶内侧的线条进行擦除，压下"N"键，快捷启动"铅笔"工具，前景色选黑色，笔尖大小最大直径选9像素，补上头部中叶正确的凹线（图206）。

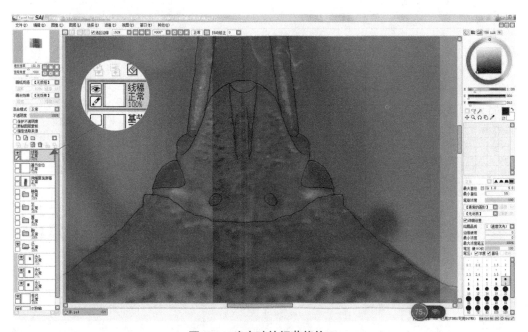

图206　头中叶的细节修饰 I

点击"套索"工具，选中修改的部分（图207），同时压下"Ctrl+C"，同时压下"Ctrl+V"，会对圈选的部分重新做1个图层复制，新图层自动命名为"图层1"，同时压下"Ctrl+T"，点击"水平翻转"，点击"Enter"键确认自由变换，同时压下"Ctrl+D"，取消选择（图208）。

压下"Ctrl"键，同时用右手点敲"→"键，向右移动到中叶和侧叶的交界线完全吻合位置，点击"线稿"图层，压下"E"快捷启动"橡皮擦"，参考左侧，擦去头中叶右侧多余的线条（图209），点击"图层1"，激活后，点击"向下合拼"按钮，2个图层重新合并。擦去头中叶其他多余线条（图210）。

显露"胸"图层组和"腹"图层组。点击"线稿"图层，点击"套索"工具，圈选左前翅膜区（图211）。同时压下"Ctrl+C"，同时压下"Ctrl+V"，复制并新建图层，命名为"左翅膜区"，隐藏"线稿"图层，同时压下"Ctrl+D"取消选区。关闭"线稿"图层，仔细核查翅脉的形态，沿翅脉的轮廓进行描绘。关闭"胸"图层组和"腹"图层组，关闭"对称轴"图层，仅显露"左翅膜区""标尺"图层，查看膜区线条效果（图212）。

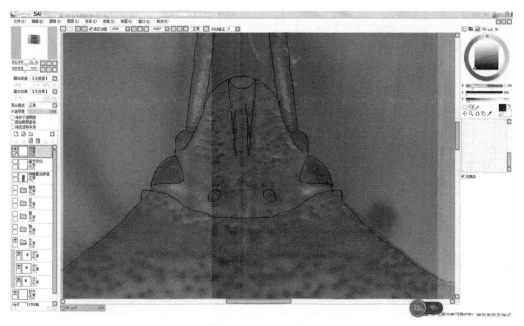

图 207　圈选修改的头中叶相关线条部分

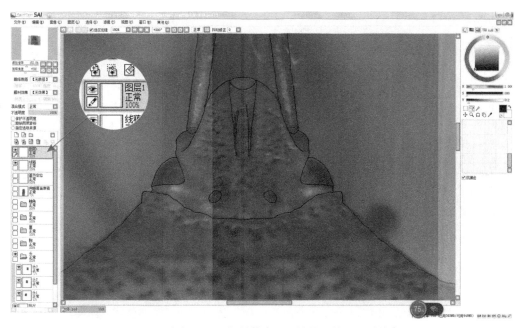

图 208　在新图层上复制并水平翻转修改的头中叶线条

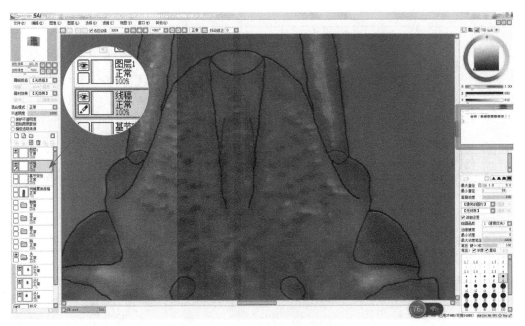

图 209　头中叶的细节修饰Ⅱ

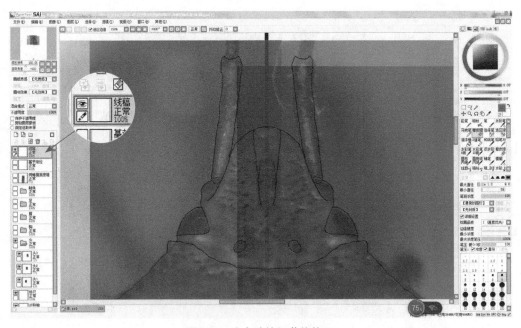

图 210　头中叶的细节修饰Ⅲ

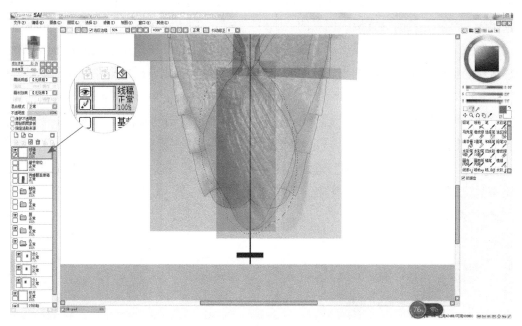

图 211　左前翅膜区的翅脉图层的复制

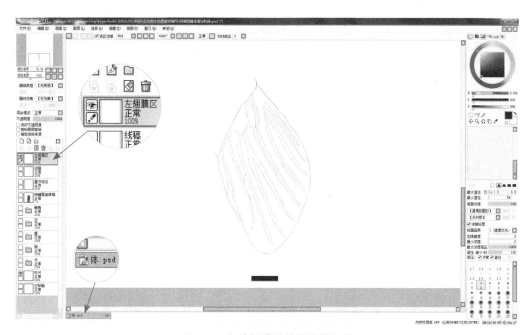

图 212　左前翅膜区的翅脉的细化

　　下面描绘体躯背面的大型斑块的位置，方便后面的上色。点击"新建图层"，命名为"体斑块"。显露"头"图层组，显露"对称轴"图层，把头部的复眼内侧的无刻点区的轮廓描出来。然后，把前胸背板无刻点的"胝区"轮廓，后方红色区域前方的"黄色横带"，后缘的窄细"黄带"的轮廓描出。显露"胸"图层组和"腹"图层组。把前翅革区外缘的绿色区域的范围描出，同时把小盾片中央的橙黄斑的位置描出，最后把左侧腹部侧接缘的4个黑斑的位置标出。点击"套索"工具，把侧接缘上的4个黑斑的全部套选，同时压下"Ctrl+C"，同时压下"Ctrl+V"，建立新图层，其中含有复制的腹部侧接缘的4个黑斑的位置标记，同时压下"Ctrl+T"，点击操作界面右侧的"水平翻转"，点击"Enter"键确认自由变换结果。左手压下"Ctrl"键，同时右手压下"→"键，不断敲击"→"键，把4个黑斑的位置标记移动到右侧侧接缘对称位置上（图213）。点击"向下合拼"，形成新的"体斑块"图层。

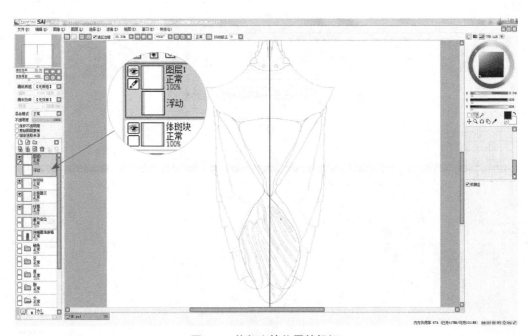

图213　体躯斑块位置的标记

07 数字绘图提高——体躯细节表现与上色方法

7.1 底色

点击"新建图层"按钮，命名为"底色"。隐藏所有图层和图层组，仅保留"线稿"图层。点击"底色"图层，点击"魔棒"工具，对虫体背面的封闭区域进行选区选择，点击"选色器"选择颜色为翠绿色，点击"油漆桶"工具，然后在选中的选区上用感应笔尖点击，涂上翠绿的底色（图214）。

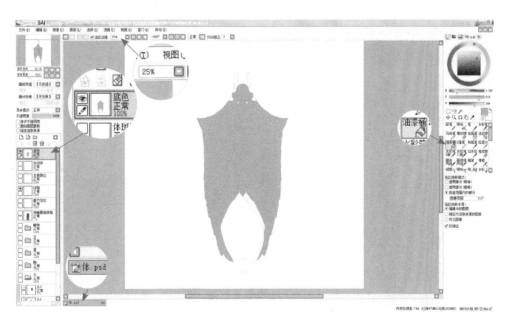

图214 体躯底色的填充

点击"新建图层"按钮，命名为"复眼"。点击色轮，选择黑褐色作为前景色，点击"魔棒"工具，点击复眼中的空白位置，建立复眼选区，点击"油漆桶"工具，点击复眼，为复眼上底色。同时压下"Ctrl+D"取消选区（图215）。

点击"新建图层"按钮，双击命名为"单眼"。点击"魔棒"工具，点选2个单眼，建立单眼选区，点击"油漆桶"工具，点击"取色器"，在色轮上选取红褐色，点击单眼，涂上底色红褐色。同时压下"Ctrl+D"取消选区。

显露"底色"图层，把"线稿"图层移动到所有图层的最上方。点击"体斑块"图层，移动到"底色"图层的上方（图216）。

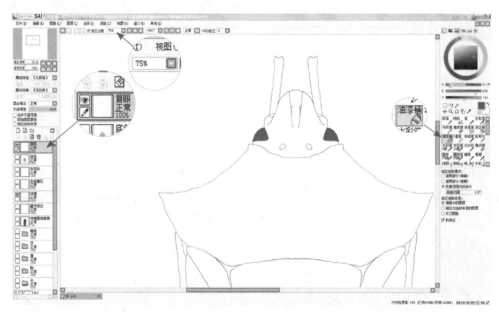

图215　复眼底色的填充

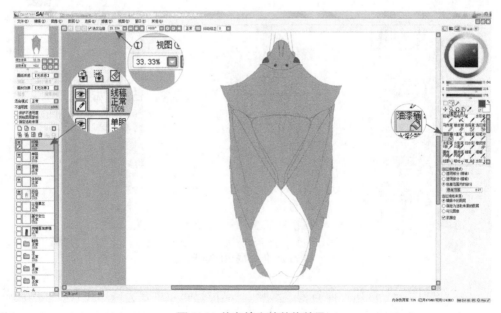

图216　体色填充的整体效果

　　隐藏"底色"图层，复制"线稿"图层，复制"体斑块"图层，把新复制的"线稿（2）"移动到新复制的"体斑块"图层下方，点击"向下合拼"，2个图层合拼为新的"线稿（2）"图层，点击"魔棒"工具，结合体式显微镜下检查标本，点击操作界面右侧"色差范围内的部分"，修改为"±5"，点击前胸背板后方的红褐色斑块区，该区域被选中，点击"新建图层"按钮，命名为"斑块选区"图层，点击"油漆桶"，点击"取色器"在色轮面板上选取暗红褐色，点击前胸背板后方的选区，该斑块的颜色被涂成暗红褐色。同时压下"Ctrl+D"取消选区，点击"线稿（2）"图层，再次激活后，点击"魔棒"工具，点击前翅革片内侧的封闭区域和爪片，完成前翅选区的制作，点击"斑块选区"图层，点击"油漆桶"，点击"HSV滑块"中的S滑块，向左滑动，由180降低为90左右，降低饱和度，然后用感应笔尖点击该选区，颜色填充为灰红褐色（图217），同时压下"Ctrl+D"，取消选区。

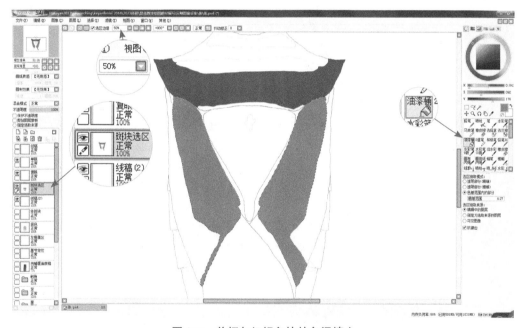

图 217　前翅灰红褐色块的色泽填充

　　核查标本后，发现前翅左右灰红褐色不对称的原因是虫体本身姿态偏差造成革区端缘边界误差形成的选区误差，解决的途径是依靠左侧的灰红褐色斑块为模板，进行复制，水平翻转，移动到右翅相应位置。同时压下"Ctrl+Z"，退回到前翅选区的制作中间阶段，即只有左前翅革片内侧的封闭区域和左爪片被选中，而右前翅革片内侧的封闭区域和爪片未被选中时，点击"新建图层"按钮，命名为"前翅斑块"，点击"油漆桶"，点击"HSV滑块"中的S滑块，向左滑动，由180降低为90左右，降低饱和度，然后用感应笔尖点击该选区，颜色填充为灰红褐色（图218）。

点击"选择"下拉框，点选"复制图层"，同时压下"Ctrl+T"，点击"水平翻转"，压下"Enter"键确认自由变换结果，同时压下"Ctrl+D"取消选区（图 219）。

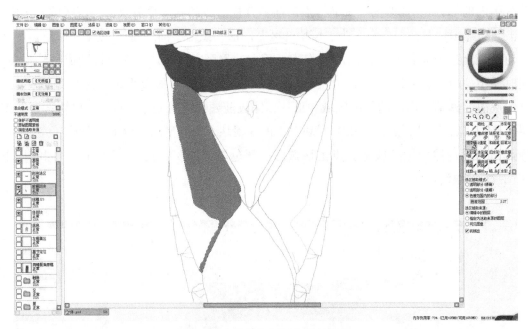

图 218　左前翅灰红褐色斑的上色

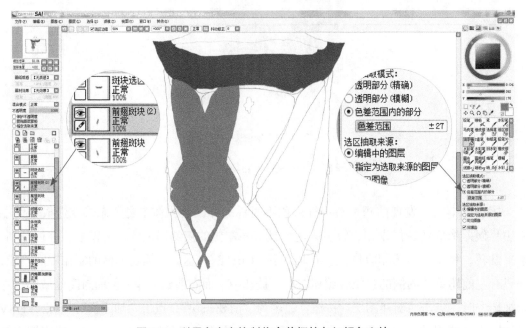

图 219　利用自由变换制作右前翅的灰红褐色斑块

压下"Ctrl"键，同时敲击"→"键，把复制后的灰红褐色斑块移动到右翅上（图 220）。

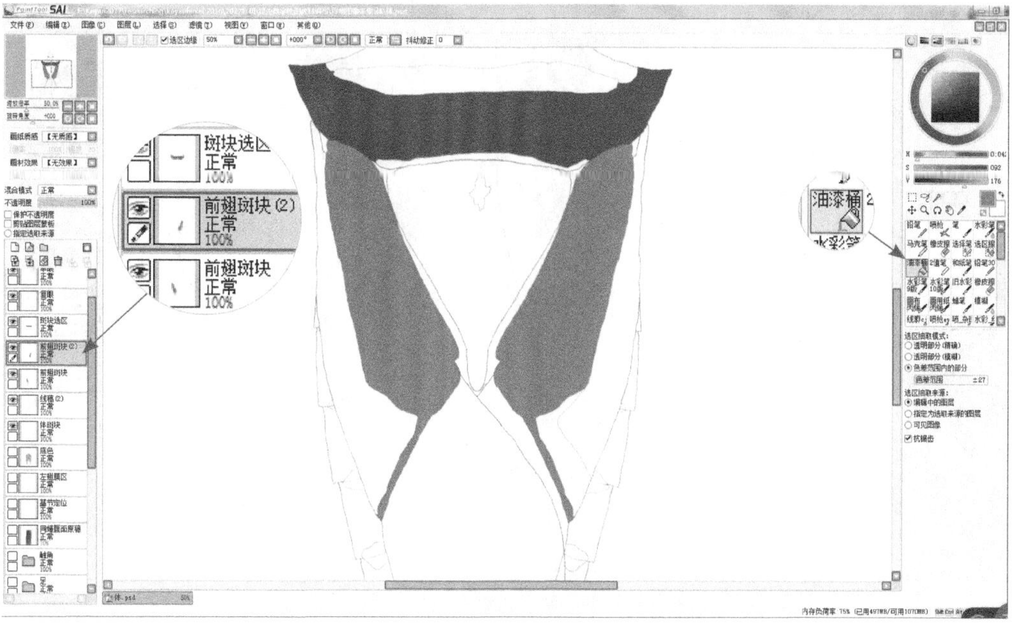

图 220　右前翅灰红褐色斑块的添加

点击"向下合拼"，完成"前翅斑块"图层的制作。

点击"线稿（2）"图层，点击"魔棒"工具，选择同蜻腹部侧接缘交界线上的 4 个黑色斑块，完成选区制作后，点击"新建图层"按钮，命名为"侧接缘斑块"，点击"油漆桶"，用"选色器"选择黑色，点击选中区域，则"侧接缘斑块"图层的黑色斑块完成黑色填充，同时压下"Ctrl+D"，取消选区（图 221）。注意由于左前翅膜区的左右不对称性，右侧侧接缘后方的 2 个黑色斑块部分受到遮盖，其选区比左侧要小，所以只有露出在左前翅膜区外侧的部分被填充为黑色。

显露"底色"图层，再次查看整体效果（图 222）。

关闭所有图层和图层组，点击"线稿（2）"图层，激活后，点击"魔棒"工具，结合显微镜下的视检，点击头后方的橙黄色区域和前胸背板前部的橙黄色"胝区"，完成选区准备后，点击"新建图层"按钮，命名为"头胸橙黄区"，点击色轮，选取发绿的橙黄色，点击"油漆桶"，点击选区进行色泽填充，同时压下"Ctrl+D"，取消选区（图 223）。

类似的，在"头胸橙黄区"图层上，继续完成前胸背板中部横带、侧接缘（最后 2 节除外）、小盾片的填色（图 224）。注意色调不同于头部的发绿的橙黄色，色泽略偏黄。

同样的，把侧接缘最后 2 节上的橙红色斑块也进行涂色。点击"线稿"图层，在侧接缘倒数第 2 节中部，补充 1 条橙黄色和橙红色的边界线，线条添加方法同前，然后复制，水平翻转，把镜像的线条移动到右侧侧接缘相应部位。

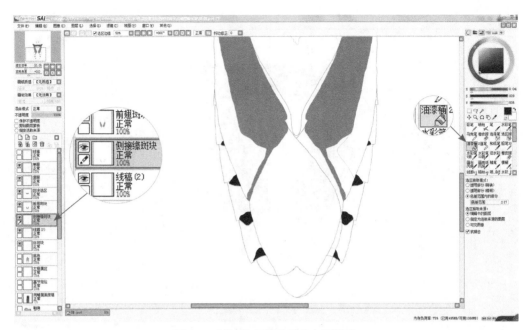

图 221　侧接缘斑块的黑色色泽填充

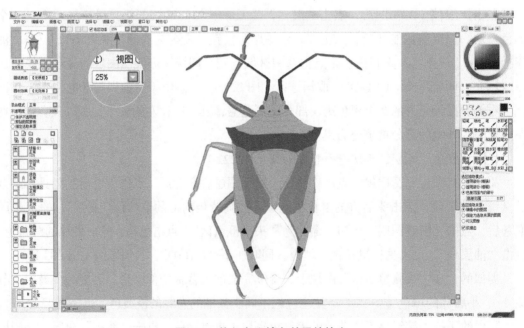

图 222　体躯色斑填色效果的检查

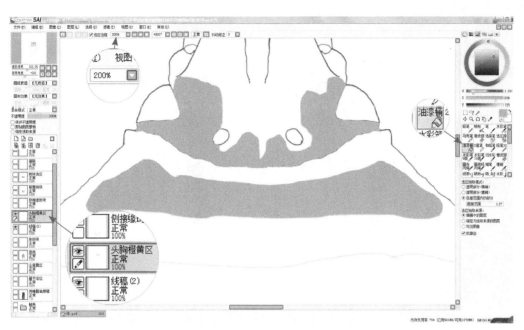

图 223　头胸橙黄区的色泽填充

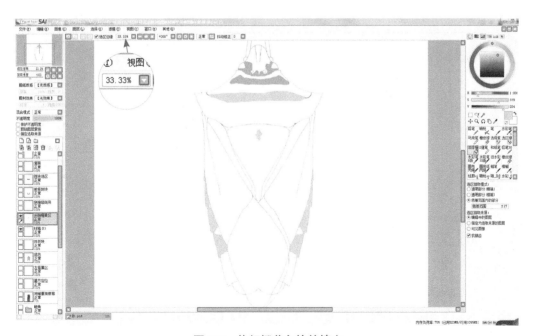

图 224　体躯橙黄色块的填充

重复前面的填色过程，在侧接缘最后 2 节填充橙红色斑块。操作图层仍然在"头胸橙黄区"图层上（图 225、图 226）。

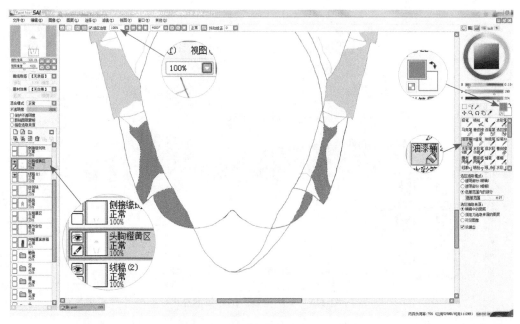

图 225　侧接缘后 2 节橙红斑块的填充

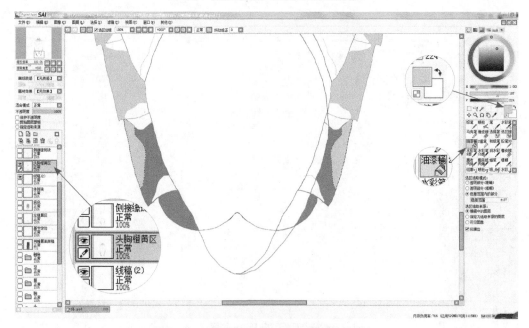

图 226　侧接缘倒数第 2 节橙黄斑块的填充

同时压下"Ctrl+D"取消选区，双击"头胸橙黄区"图层，重新命名为"体躯橙黄区"图层。

显露所有已经填色的图层，再次检查整体效果（图227）。

最后进行前翅膜区的色泽填充。隐藏所有图层，仅保留"线稿（2）"图层，重复前面的填色过程，在新建图层上把膜区填充上棕褐色（图228），把图层命名为"膜区色块"。重复前面的过程，把露出腹末端的膜区，选择淡褐色，进行填充，表现膜区半透明的质感（图229）。

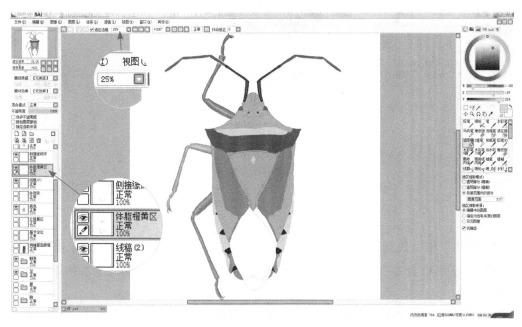

图227　整体已填斑块填充效果检查

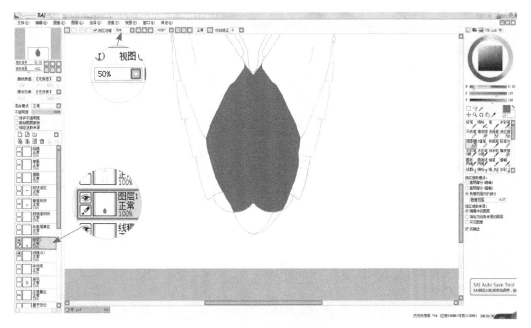

图228　前翅膜区色泽的填充

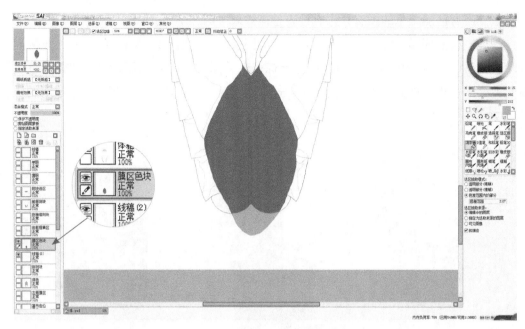

图 229　前翅膜区端部色泽的填充

　　点击 "E" 键，快捷启动 "橡皮擦"，擦去右前翅革片上多余的线条。双击 "斑块选区" 图层，重新命名为 "前胸红褐" 图层。显露所有填色的图层，再次查看整体效果（图230）。

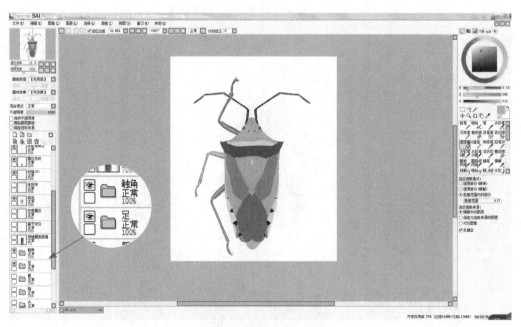

图 230　整体色彩填充效果

7.2 调色

打开照片"同蝽照片 1_背.jpg"（提前采集的同蝽标本图像），启动"SETUNA"软件，点击"截取"，用感应笔尖，在电脑屏幕上划动，做出一个悬浮的同蝽背面图片，用感应笔移动到操作界面的左侧。再打开照片"同蝽照片 2_侧.jpg"（提前采集的同蝽标本图像），同样做出第 2 个悬浮侧面虫体图片，移动到操作界面左上角（图 231）。关闭"同蝽照片 1_背.jpg"和"同蝽照片 2_侧.jpg"2 个图片文件，以节约磁盘空间。

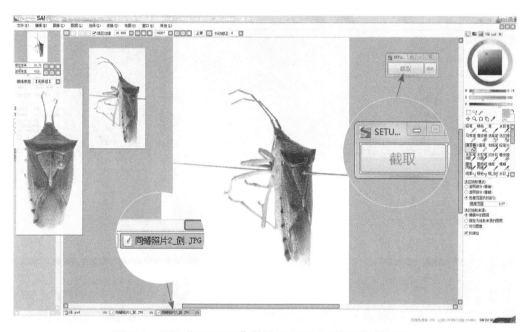

图 231　利用"SETUNA"软件制作悬浮同蝽照片辅助调色

点击"复眼"图层，激活后，同时压下"Ctrl+U"，打开"色相/饱和度"对话框，把 V 滑块向左侧移动，降低明度，复眼会逐渐变黑变暗，感觉满意后，点击"确定"（图 232）。类似的，把单眼色调调暗（图 233）。注意单眼的亮度要略高于复眼。

点击"底色"图层，同时压下"Ctrl+U"，把头部和前胸前部的底色调至满意（图 234）。点击"触角"图层，点击"套索"工具，把触角第 1~2 节圈选，同时压下"Ctrl+U"，把色泽调整到与头部色泽接近（图 235），点击"确定"，确认色相和饱和度的变化。点击"选择"下拉框，点选"反选"，重复上述过程，对触角第 3~5 节的色泽进行调整，满意后，点击"确定"。把红色的色调调弱，增强绿色的色调（图 236）。

点击"足"图层组，点击该图层组左侧的"文件夹"按钮，打开该图层组，点击"前足胫节"图层，点击"新建图层组"，命名为"前足"，把"前足股节""前足胫节"移入。点击"前足"图层组，调色方法同前，调色效果如图 237。

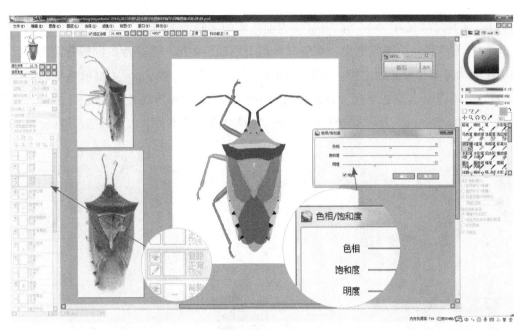

图 232　复眼明度的暗调

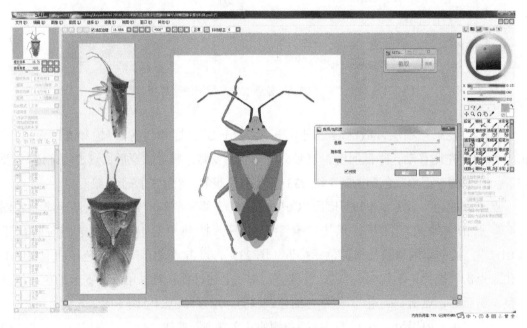

图 233　单眼明度的暗调

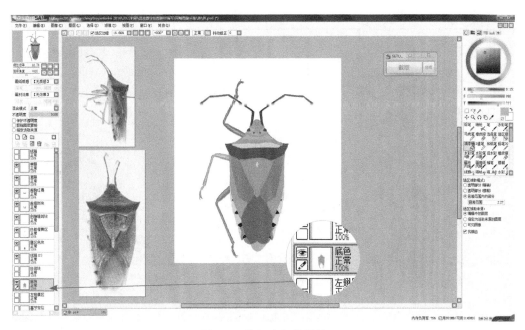

图 234　体躯底色的调整

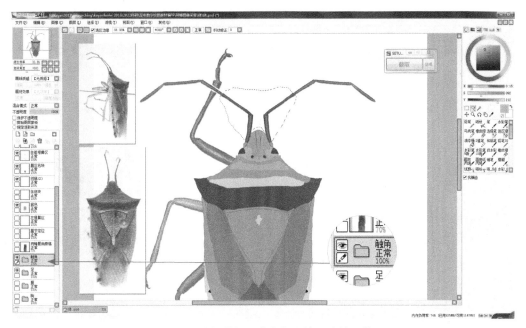

图 235　触角基部 2 节色相和饱和度的调整

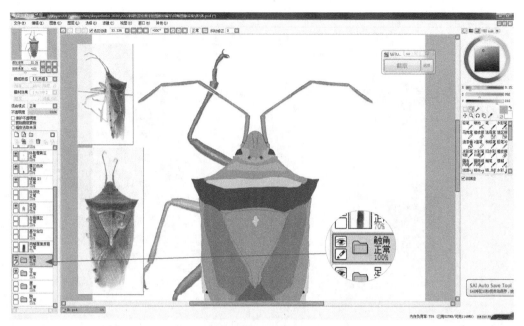

图 236   触角端部 3 节色相和饱和度的调整

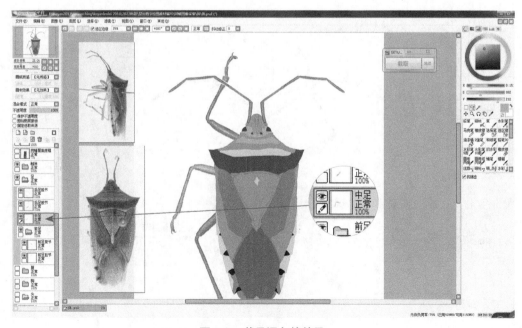

图 237   前足调色的效果

　　点击"中足"图层，进行类似的调色操作（图238）。点击"后足胫节"图层，激活后，点击"新建图层组"，命名为"后足"图层组，把"后足胫节""后足股节"2个图层移入，统一进行调色（图239）。点击"文件"下拉框，点击"另存为"，命名新文件为"体色.psd"。足色的红褐色调损失较多，额外的备份可以方便后期回调。

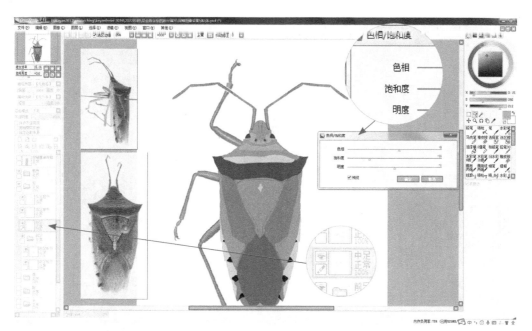

图238　中足的调色

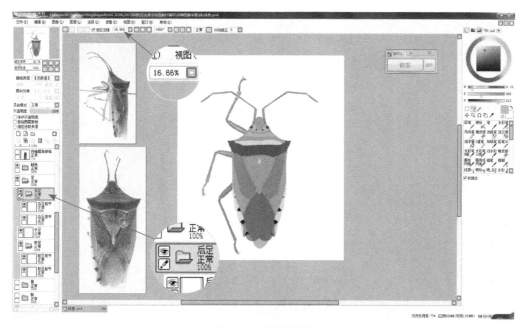

图239　后足的调色

　　点击"体躯橙黄区"图层，点击"套索"工具，把头部和前胸"脉区"圈选，同时压下"Ctrl+U"，调出橙色带绿的色调，点击确认，确定色相和饱和度调整结果。点击"选择"下拉框，点击"反选"，对体躯其他位置橙黄斑的色调进行调整（图240）。

　　点击"前胸红褐"图层，调色方法同前（图241）。

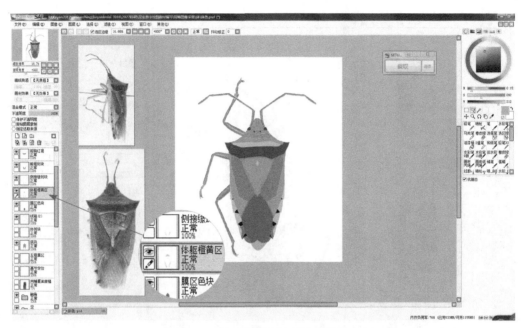

图240　体躯橙黄斑块的调色效果

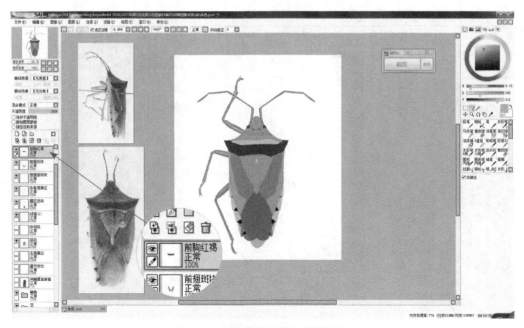

图241　前胸后部红褐色斑的调色

点击"前翅斑块"图层，调色方法同前，调色效果如图242。点击"膜区色块"图层，进行调色。

点击"足"图层组，点击"图层"下拉框，点选"复制图层"，新图层组命名为"右3足"，同时压下"Ctrl+T"，启动自由变换，点击"水平翻转"，同时压下"Ctrl+D"，取

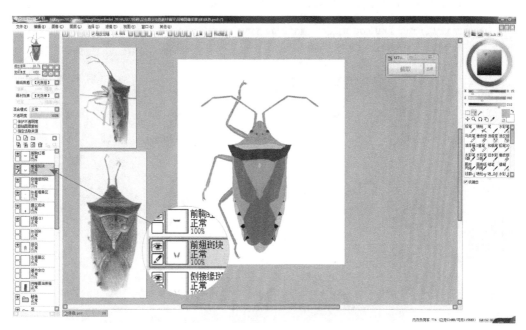

图 242　前翅淡红褐色斑的调色

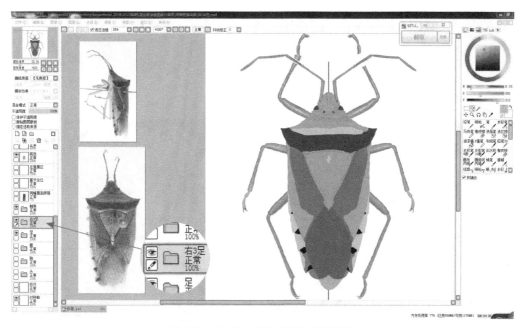

图 243　右侧 3 足的复制与位置调整

消选区，左手压下"Ctrl"键，同时右手压下"→"键，把右侧3足移动到虫体右侧，显露"对称轴"图层，调节左右对称（图243）。

点击"触角"图层组，打开，点击"右触角"图层，点击"套索"工具，压下"Shift"键，同时制作2个选区（图244），同时压下"Ctrl+X"，剪切遮盖图层，露出更多的前足，使触角和右前足胫节的交错处自然（图245）。

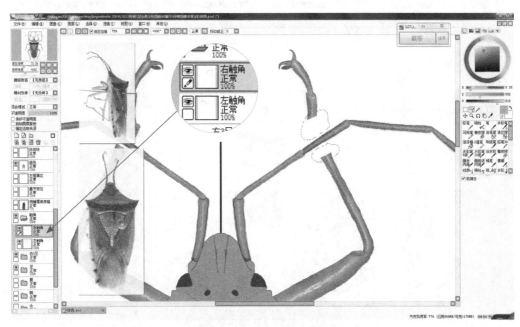

图244　圈选"右触角"图层遮盖右前足胫节的部分

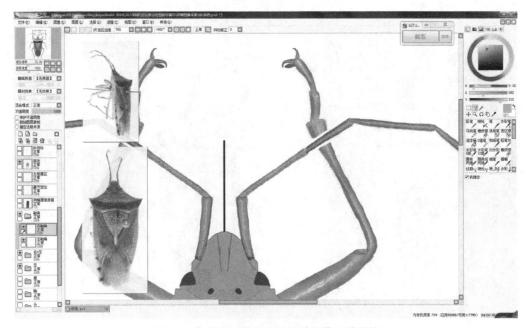

图245　右前足与触角交界处的遮蔽区的修饰

点击"重置视图的显示位置"，再次查看色斑调整的整体效果（图246）。同时压下"Ctrl+S"保存文件。

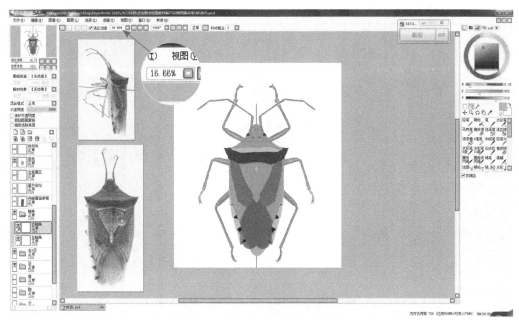

图246 同蝽色斑调色总体效果

7.3 刻点

隐蔽所有图层，仅保留"线稿（2）"图层和"对称轴"图层。在"线稿（2）"图层上方新建图层，命名为"刻点"，显露"头""胸""腹"3个图层组，打开"同蝽照片1_背.jpg"，打开"SETUNA"截屏软件，点击"截取"按钮，用感应笔尖在同蝽背面照片上拉一个矩形悬浮框，用感应笔尖把悬浮照片移动到操作界面的左侧。打开"Sai_auto_saving"软件，设置"间隔分钟数"为5（图247），点击"确定"，预防系统崩溃。把"同蝽照片1_背.jpg"照片的头部放大，再做1个悬浮头部截屏图片，并移动到操作界面的右下角，把"体色.psd"放大，关闭"同蝽照片1_背.jpg"照片文件，点击"头"图层组，设置不透明度为50%左右，点击"刻点"图层，并激活，压下"N"键，笔刷设置参数参考图248 A，用感应笔尖描绘头部左侧的刻点（图249）。

调节笔刷的最大直径大小为16像素，最小直径为58%，笔压值为198，其他参数如图248 B，对前胸左侧和左前翅上的刻点进行绘制（图250）。刻点的大小可以通过最小直径的大小进行调节。注意仔细观察刻点大小变化的规律，先点最大规格的刻点，再点中等规格的刻点，最后点小型规格的刻点。

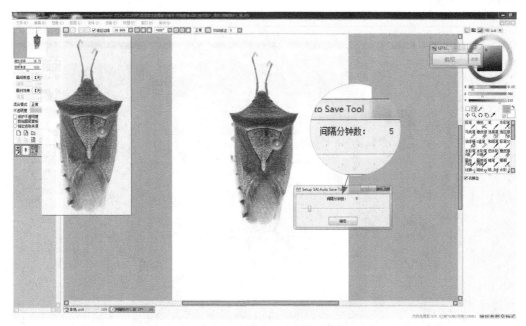

图 247　启动 "Sai_auto_saving" 软件界面

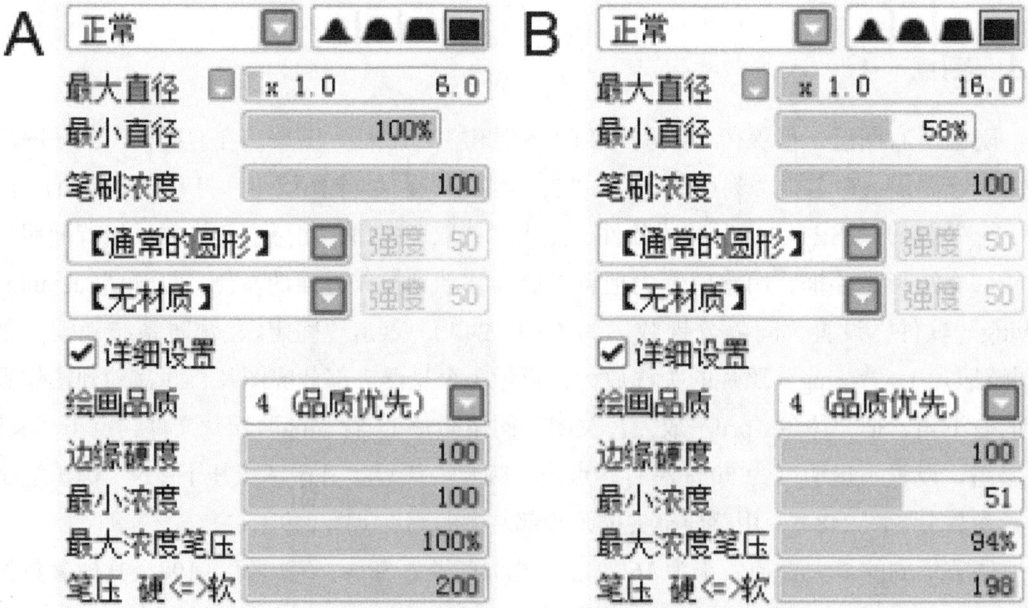

A，头部刻点绘制笔刷设置；B，胸部及前翅刻点绘制笔刷设置。

图 248　头部刻点的笔刷设置

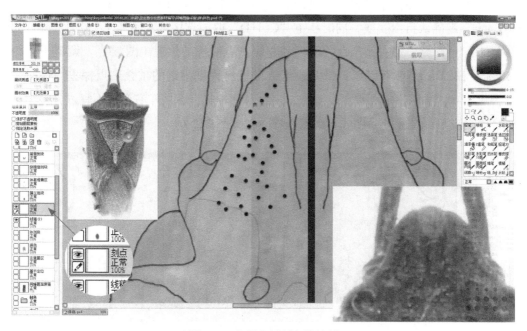

图 249 头部左侧刻点的绘制

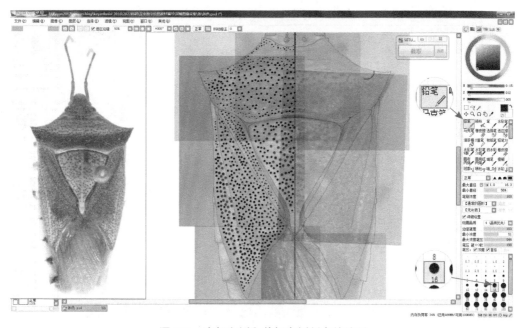

图 250 胸部左侧和前翅左侧刻点的绘制

同时压下"Ctrl+A"，然后压下"Ctrl+C"，最后压下"Ctrl+V"可以对左侧的刻点复制，产生1个新图层，命名为"右侧刻点"，同时压下"Ctrl+T"，点击"水平翻转"，压下"Enter"键确认自由变换，同时压下"Ctrl+D"取消选区，左手压下"Ctrl"键，同时右手压下"→"键，把右侧刻点移动到和左侧刻点对称的位置（图251）。调整不透明度为50%左右，压下"E"键，调节笔刷大小，把对称轴附近的重叠刻点擦去。这时"刻点"图层中在对称轴上的刻点密度正常，注意对称轴临近区域左右对称不宜过分突出，除非虫体本身的确如此。缩小图像，再次查看效果（图252）。

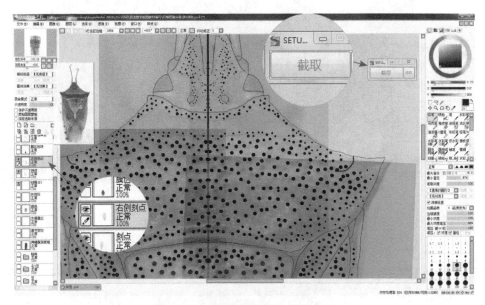

图 251　右侧刻点图层制作的效果 I

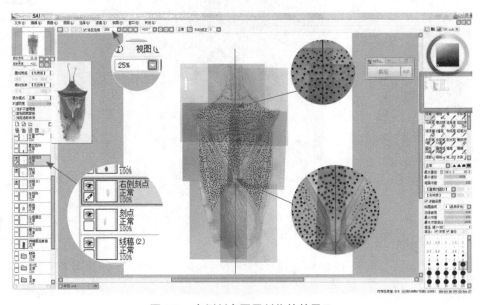

图 252　右侧刻点图层制作的效果 II

感觉满意后，点击"向下合拼"，把拼合后的"刻点"图层移动到所有图层或图层组的最上方，隐藏"头""胸""腹"3个图层组，显露所有上色的图层，再次查看效果（图253）。感觉满意后，同时压下"Ctrl+S"，保存文件。

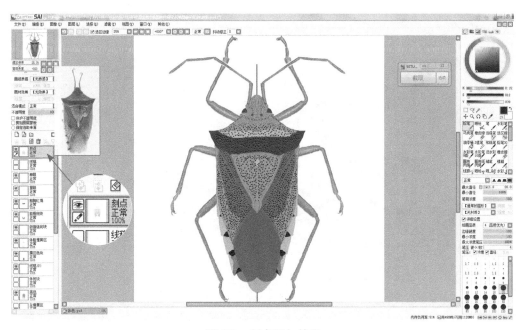

图253　刻点添加效果

7.4　衬阴

点击"底色"图层，激活后，点击"新建图层"按钮，双击命名为"衬阴"，点击"剪贴图层蒙板"左侧的小方块，由于底色是绿色的，在"衬阴"图层上的操作，都仅出现在绿色斑块上。压下"Alt"键，快捷启动"取色器"，点击头部侧区的绿色背景，点击色轮上的"显露RGB滑块"，查看三元色色相值和"HSV滑块"中的S滑块（饱和度滑块）和V滑块（明度滑块）（图254，H滑块值显示不全，由于软件界面限制造成，可参考RGB滑块数值确定）。

图254　RGB滑块和HSV滑块

调节V滑块，使取值由159降低为80左右。点击"喷枪"工具，笔尖大小最大直径设置为50像素。结合显微镜下视检，在头侧、前胸背板前侧缘和前翅侧缘喷涂狭窄的衬阴，这是由于虫体背面总体较平，且侧缘微弱圆钝的形态决定的。

压下"Alt"键，在前胸背板侧角附近点选红褐色，把V滑块适当调低，约为原值的一半，由128调为65左右，点击"前胸红褐"

图层，点击"新建图层"按钮，双击命名为"侧角衬阴"，点击"剪贴图层蒙板"左侧的白色小方块，出现对号，表示已经设置为蒙板图层，设置笔刷最大直径为 53 像素。在侧角边缘喷涂，衬阴效果如图 255。

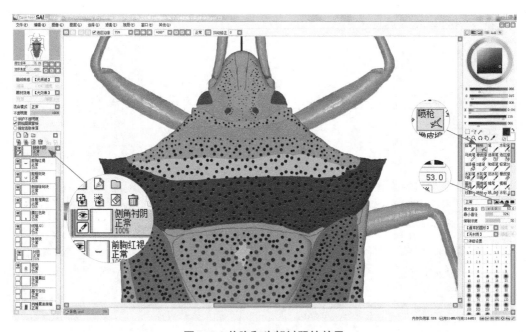

图 255 　前胸和头部衬阴的效果

　　重新设置"悬浮图片窗口"，截屏图像以前胸背板和小盾片的结构为主，关闭原来截屏窗口。压下"Alt"键，用笔尖点选前胸"胝区"（即前胸前部的无刻点区），提取颜色，点击"底色"图层，把前胸背板后缘的颜色进行调整，改为淡橙黄色。

　　显露"线稿"图层，隐藏其他所有图层，点击"魔棒"工具，点击中胸小盾片，制作小盾片选区，点击"新建图层"，命名为"小盾片"，点击色轮，选择翠绿色，点击"油漆桶"，在小盾片选区上填涂翠绿色，此翠绿色调与体色完全一致。点击"新建图层"，命名为"小盾片淡色端部"，提高明度 V 滑块约 1 倍，点击"喷枪"工具，笔尖大小设置为300 像素，在小盾片端部 1/3 轻轻喷涂（图 256）。显露所有填色图层，点击"底色"图层，继续用"喷枪"工具在革片端部 1/4 轻轻喷涂，缩小笔刷最大直径为 80 像素，在前胸背板后角、前翅基部前缘、中脉主干轻轻喷涂。压下"Alt"键，选取暗褐色，在小盾片基部、基角和侧缘轻轻喷涂。点击"前翅斑块"图层，激活后，在爪片基部内侧，选用橙黄色，沿边缘轻轻喷涂（图 257）。

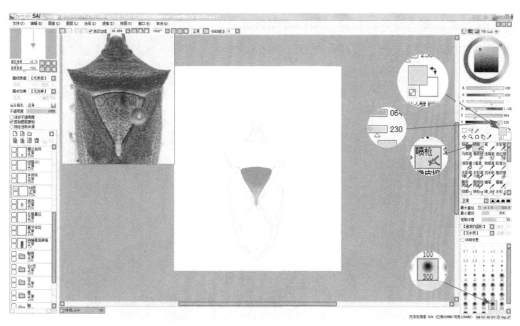

图 256　小盾片端部淡色区域的喷涂

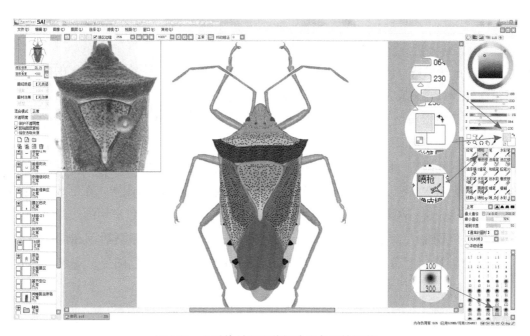

图 257　小盾片衬阴及前翅淡绿色调的调整

点击"体躯橙黄区"图层，在前胸背板红褐区上方继续用"喷枪"工具轻轻喷涂黄色条带，使之呈现淡乳黄色的效果。点击"模糊"工具，选择笔尖最大直径 80 像素，在头部、脏区的橙黄斑边缘进行轻涂，制作模糊效果。点击"前翅红褐"图层，在前胸背板后方红褐斑的边缘继续进行"模糊"处理（图 258）。

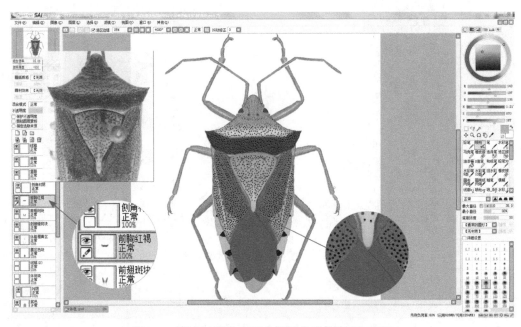

图 258 "前翅斑块"图层内侧边缘的模糊处理效果

点击"前翅斑块"图层，继续使用"模糊"工具，对此处斑块的后方 1/3 的内侧边缘进行模糊处理，笔尖最大直径选择 50 像素。

点击"体躯橙黄区"图层，点击"新建图层"按钮，命名为"侧接缘衬阴"，点击"剪贴图层蒙板"，压下"Alt"键，点击侧接缘橙黄色区域取色，点击"HSV 滑块"的 V 滑块，把明度调暗，由 227 调成 100 左右，沿侧接缘边缘做狭窄的衬阴，侧接缘较平，侧缘的阴影区非常狭窄。点击"模糊"工具，笔刷最大直径选 30 像素，在倒数第 2 节侧缘的橙斑外缘，进行模糊处理。点击"侧接缘斑块"图层，沿黑色斑块的边缘进行"模糊"处理，笔刷最大直径选 20 像素。点击"线稿（2）"图层，激活后，在侧接缘的后角进行线条处理，把后角改的尖锐（图 259）。再次显露所有上色图层，观察整体效果（图 260）。

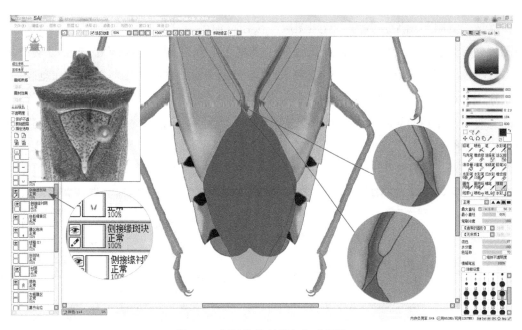

图 259　侧接缘的衬阴与细节调整

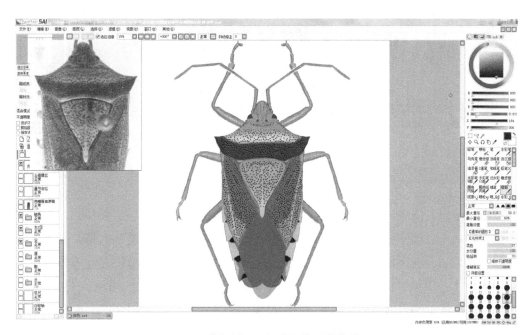

图 260　体躯衬阴及细节调整后整体效果

7.5　复眼和单眼的表现

点击"复眼"图层，点击"新建图层"按钮，命名为"复眼高光与衬阴"，点选"剪贴图层蒙板"，压下"Alt"键，点击复眼中部取色，向左调节"HSV滑块"的V滑块，点击"喷枪"工具，笔刷最大直径选择40像素，笔尖形状选择"山峰"形，在复眼周缘轻轻喷涂。点选色轮中的白色，把笔刷最大直径改为20像素，在复眼中部轻轻喷涂，做出高光效果，左侧的复眼高光中心点在复眼中部，稍稍偏左上方，右侧复眼的高光点中心位于中部（图261）。

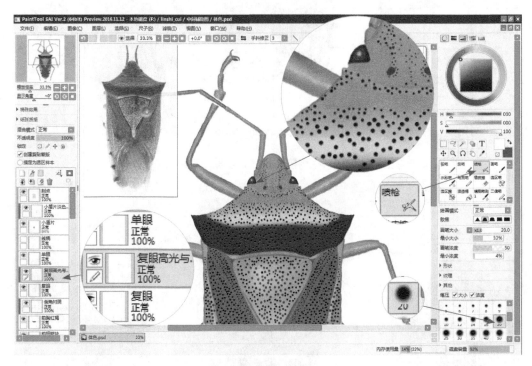

图 261　复眼高光与衬阴效果

点击"单眼"图层，点击"新建图层"按钮，命名为"单眼高光与衬阴"，点选"剪贴图层蒙板"，点选色轮中的白色，压下"N"键，快捷启动"铅笔"工具，设置笔尖最大直径为4像素，在单眼中部绘出高光效果，压下"Alt"键，在单眼其他部分取色，在单眼中部点1个白点，向左调节"HSV滑块"的V滑块，使前景色加深由137改为83，在单眼右侧涂抹少许，做出阴影效果（图262）。

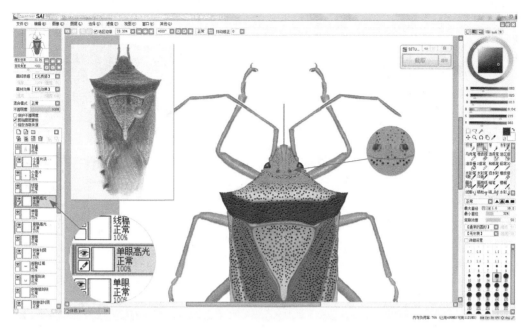

图 262　单眼高光与衬阴效果

7.6　膜片的表现

点击"左翅膜区"图层，移动到所有图层的最上方。隐藏其他所有图层和图层组。点击"膜区色块"图层，点击"新建图层"按钮，命名为"膜区翅脉底色"。然后隐蔽"膜区色块"图层。启动"SETUNA"截屏软件，点击色轮上方的"显露 GRB 滑块"和"显露 HSV 滑块"，点击截屏软件工作窗口"截取"按钮，在色轮、GRB 滑块，及 HSV 滑块上进行矩形截屏，点击截屏图像移动到操作界面的左侧。点击操作界面右侧的"选区笔"，选择笔刷最大直径为 3 像素，把膜区翅脉上的缺口封闭（图 263），然后点击"套索"工具，点击各个翅脉内部，由于已经利用"选区笔"把各个翅脉进行了封闭，因此可以选中各个翅脉围成的选区，最后制作好翅脉选区（图 264）。

点击"油漆桶"工具，参考截屏中的膜区底色颜色，点选较翅脉底色略深的褐色，对翅脉底色进行填色（图 265）。点击"新建图层"按钮，命名为"翅脉高光"，点击"剪贴图层蒙板"，把 S 滑块饱和度向左滑动，降低饱和度，把 V 滑块向右滑动，增大明度。显露"膜区色块"图层。点选"喷枪"工具，在翅脉高光图层上进行高光上色，上色位置在每条翅脉的右侧，此时我们假定的主光源在左前上方 45° 方向。点击色轮的白色，把笔刷直径调整到 70 像素，参考截屏中的膜区底色颜色，对露出腹末的翅脉进行轻轻刷涂，使此处的翅脉色泽更淡（图 266）。

显露所有上色图层和"刻点"图层，查看整体上色效果（图 267）。用鼠标右键点击截屏色轮浮动图像，点选"关闭"。

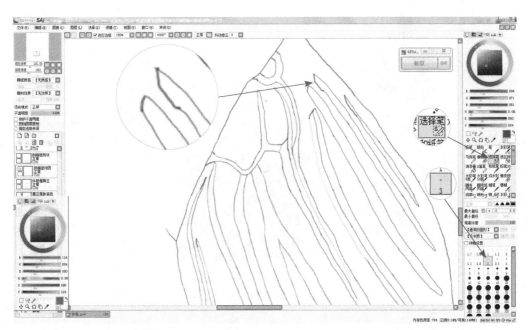

图 263　利用"选区笔"工具封闭翅脉顶部各个翅脉围成封闭区的开口

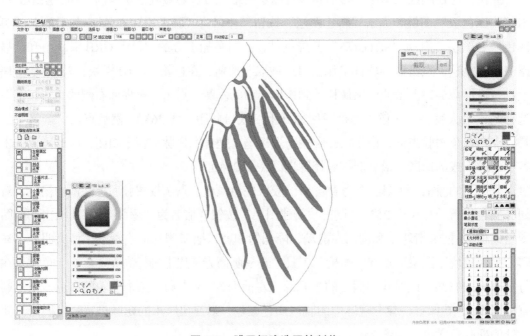

图 264　膜区翅脉选区的制作

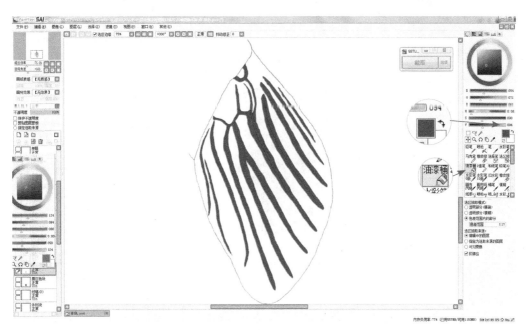

图 265　膜区翅脉底色的制作

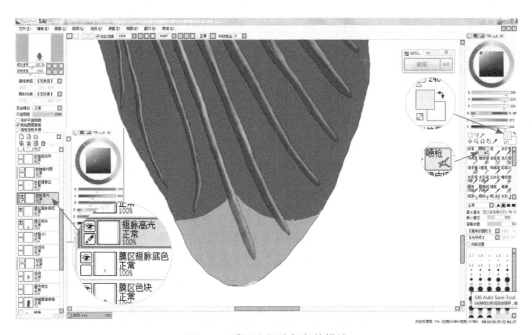

图 266　膜区上翅脉颜色的描绘

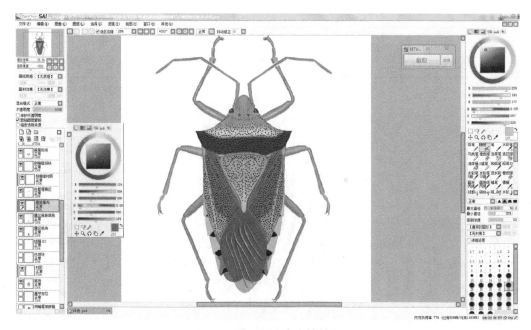

图 267   膜区翅脉高光的效果

7.7   高光

复眼、单眼和翅脉的高光处理前面已经叙述。这里主要是其他部位的高光处理。高光的位置和光源的位置有密切关系，高光也是不同部位表面特性的光学反映。在转角、圆形隆起的高点最容易出现高光。光源偏左，高光点的中心偏左；光源偏右，高光点的中心偏右；光源偏前，高光点偏前侧；光源在后方，高光点偏后侧。以高光点为界，向光面总体偏亮，背光面总体偏暗。由于不同显微镜的配套光源设备的差异，标本的高光表现也不相同。同蝽标本体躯背面总体扁平，体背面密布粗大刻点，刻点内部为黑色，高光出现在每个刻点的周围以及刻点的边缘向光方向。腹部侧接缘扁平、薄，表面光滑且无刻点，在侧接缘的边缘上有显著的高光。绘制高光可选白色，"铅笔"工具配合"模糊"工具，可以达到较好的效果。

同时，高光的绘制要注意随时进行显微镜镜检，纠正偏差。由于虫体体表结构复杂，虫体各个部位的高光特性差异显著，需要逐个部位进行细致、耐心的观察和上色。

点击"侧角衬阴"图层，新建图层，命名为"前背高光"，点选"剪贴图层蒙版"，点击色轮中的白色，点击"喷枪"工具，设置笔尖形状为"圆帽"，笔刷最大直径为 30 像素，最小直径设置为 30% 左右，笔刷浓度设置为 50%，在前胸背板后部红褐斑区的刻点周围进行"C"形圈涂，注意"C"的开口方向为左前方 45° 方向，注意中部左侧的描绘 2次，其他靠近高光区的 1 次，远离高光区的不在刻点周围涂"C"形高光。设置笔刷最大直径为 20 像素，笔尖形状为矩形，在两侧角中线轻轻滑动笔尖，做出高光效果。设置笔刷最大直径为 25 像素，在前胸背板后部红褐斑区的中央偏左且偏后的位置轻轻喷涂几下，做出高光片区效果（图 268）。

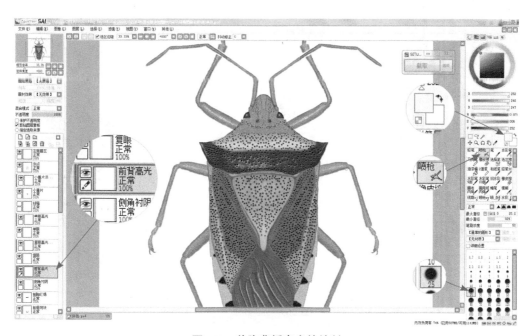

图 268　前胸背板高光的绘制

　　关闭所有图层，仅保留"线稿"图层。把"线稿"图层移动到所有图层的最顶部。点击"魔棒"工具，点击头部内部，制作头部选区。显露"底色"图层，点击"取色器"，点击翠绿色部位，隐蔽"底色"图层，点击"线稿"图层，点击"新建图层"按钮，命名为"头部阴影"，点击"油漆桶"工具，点击头部，点击"Ctrl+D"取消选区（图 269）。

　　把"线稿"图层移动到"头部底色"图层的上方。点击"头部底色"图层，点击"新建图层"按钮，命名为"头部高光"，勾选"剪贴图层蒙板"。放大画布，把"刻点"图层移动到"线稿"图层的下方，显露"刻点"图层，点击"头部高光"，激活后，压下"N"键，快捷启动"铅笔"工具，选择色轮中的白绿色，笔刷最大直径选 2 像素，笔尖形状选"矩形"，结合显微镜下视检对头部的高光进行细致的表现，调节"头底色"图层不透明度为 20%，在对头部高光细化的同时，对头部线条及其他衬阴效果随时做出修正，显露所有上色图层查看头部的高光效果（图 270）。

　　对虫体其他部分的高光效果，采用类似的方法，进行处理。点击"小盾片"图层，设置不透明度 85% 左右。点击"侧接缘衬阴"图层，点击"新建图层"按钮，命名为"侧接缘高光"，压下"Alt"键，点击侧接缘部位的橙黄色斑块进行取色，然后把"HSV 滑块"的 S 滑块由 184 向左调低至 80，V 滑块由 237 调至最高 255。压下"N"键，笔尖最大直径设置为 15 像素。结合显微镜下视检效果，对侧接缘部位的高光进行上色（图

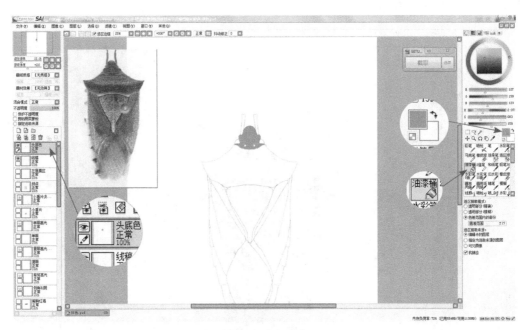

图 269　头部底色

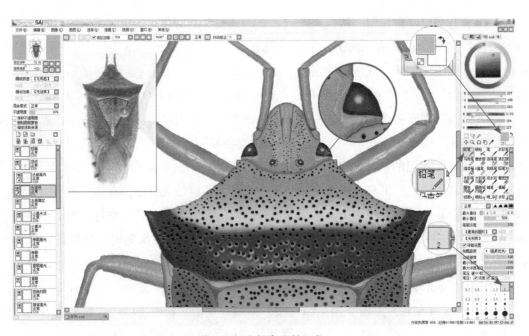

图 270　头部高光的细化

271）。点击"笔"工具，把 S 滑块调至 40，笔尖形状设置为"山峰"形，笔尖最大直径设置为 50 像素，笔尖材质设置"地面 3"，其他参数设置参考图 272，继续进行侧接缘高光效果处理（图 273）。

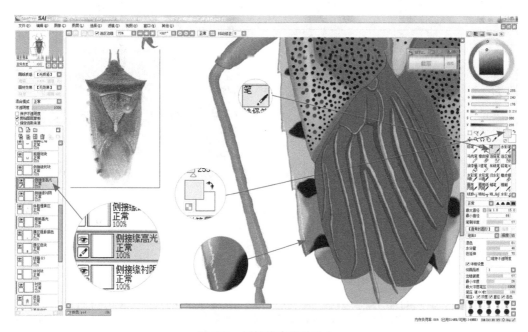

图 271　侧接缘高光效果 I

图 272　侧接缘高光绘制"笔"工具的参数设置

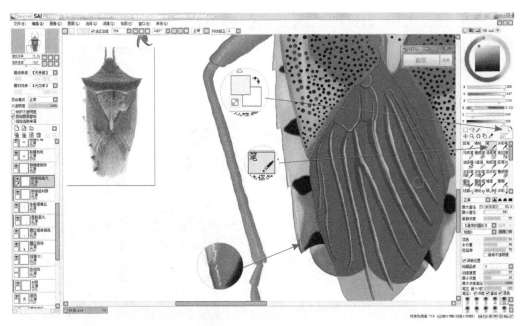

图273 侧接缘高光效果 II

点击"套索"工具，把左侧侧接缘完成高光上色的部分圈选起来，同时压下"Ctrl+C"复制到剪切板上，同时压下"Ctrl+V"，复制形成新图层，同时压下"Ctrl+T"，进行自由变换，在操作界面右侧面板点击"水平翻转"，点击"Enter"键确认自由变换结果，同时压下"Ctrl+D"，取消选区。压下"Ctrl"键，并压下"→"键，把复制的高光效果移动到右侧的侧接缘，调整位置后，点击"图层合拼"，效果如图274。删去"线稿（2）"图层。隐藏

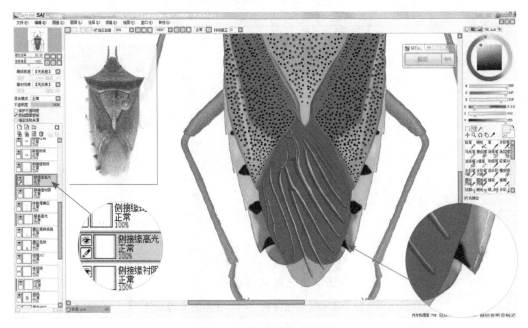

图274 侧接缘高光效果 III

"线稿"图层。

点击"重置视图的显示位置",查看总体效果(图275)。

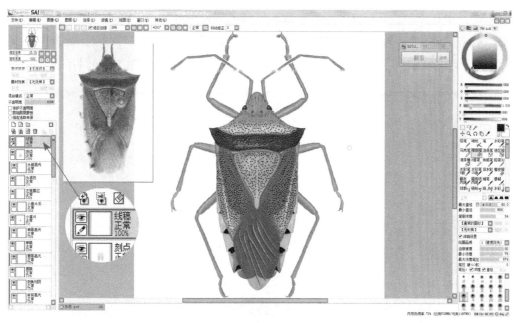

图275　同蝽高光处理总体效果 I

隐藏"线稿"图层,查看总体效果(图276)。

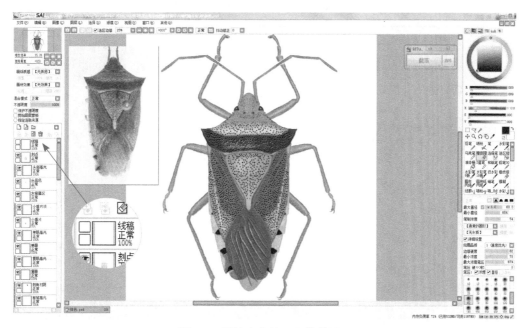

图276　同蝽高光处理总体效果 II

7.8 图片裁切与保存

关闭同蝽整体照片悬浮窗口，显露"标尺"图层。同时压下"Ctrl+S"保存图片。点击"文件"下拉框，点击"另存为"，新文件命名为"同蝽定稿.png"，格式选择"png"格式，点击"确定"。关闭 SAI 软件。打开 Photoshop 软件，打开"同蝽定稿.png"文件（图 277），点击"裁切"工具，裁切图像外侧多余的背景（图 278）。同时压下"Ctrl+S"

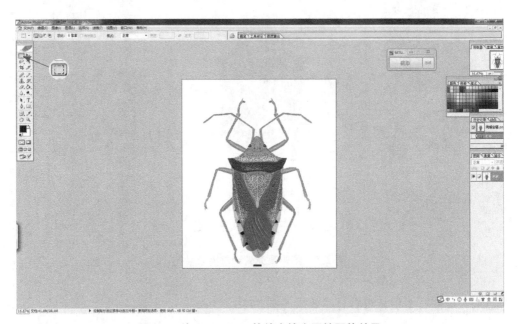

图 277　在 Photoshop 软件中检查同蝽图片效果

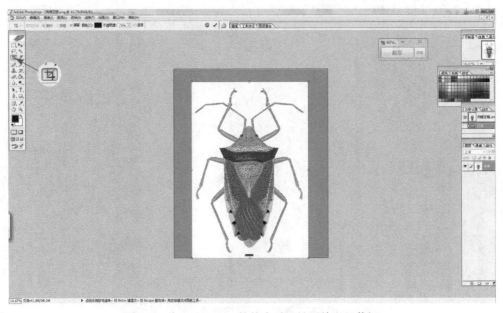

图 278　在 Photoshop 软件中对同蝽图片进行裁切

保存文件。

同蝽的背面整体数字高清图的绘制就完成了（图 279）。

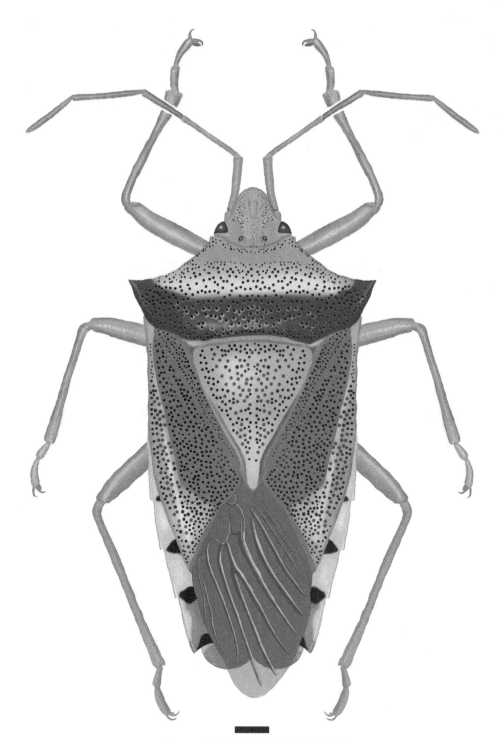

图 279　同蝽的背面整体数字高清图

08 特殊体表结构的表现

8.1 粗大刻点的表现

许多昆虫体表分布有规则或不规则的刻点，刻点的大小、形状、疏密也各不相同。对于较规则刻点，如金龟子小盾片上较大刻点，可利用"铅笔"工具绘制出基本轮廓后，利用复制粘贴的方式对刻点进行排列布局（图280）。利用"喷枪"等工具对每个刻点进行上颜色和高光处理（图281显示一个刻点的处理效果）。而对于分布不规则的粗大刻点，需要根据标本实际情况逐步绘制出刻点结构和分布（图282）。

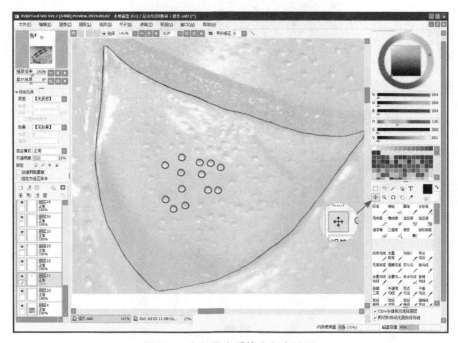

图 280　金龟子小盾片上刻点排列

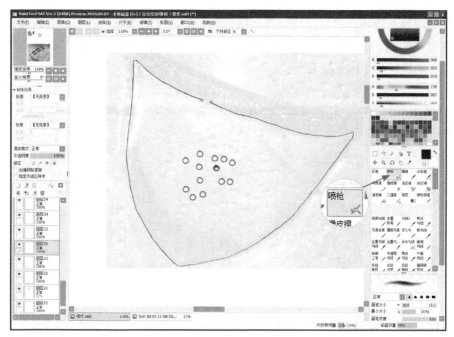

图 281　刻点的上颜色和高光处理

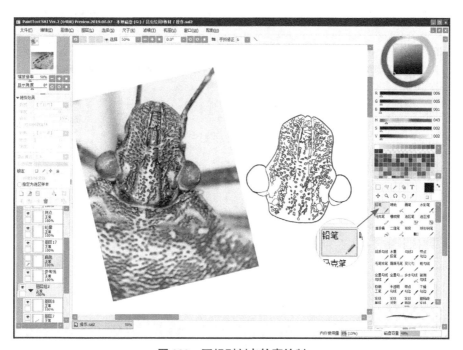

图 282　不规则刻点轮廓绘制

8.2 细密刻点的表现

刻点细密与上述刻点绘制方法类似，结构较简单，可以通过复制粘贴方式操作。如细密的刻点分布较均匀，也可以使用黑点网点纸模式（图283），再通过"Ctrl+U"修改色相、饱和度和明度等（图284）。

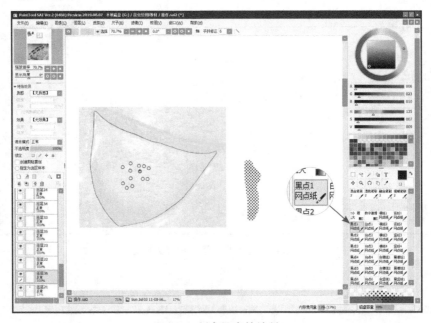

图 283　刻点细密的绘制

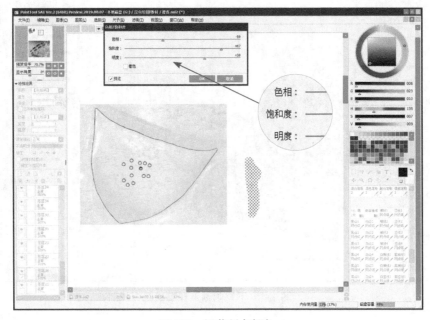

图 284　调节刻点颜色

8.3 短毛的表现

大多数昆虫体表都密布短毛，短毛一般较直，且在不同部位疏密程度有差异，且生长具有一定的方向性。比如，茶翅蝽前足胫节，其基部毛短且稀，而端部较长且密。在绘制此类短毛时，可直接使用"铅笔"工具，轮廓的散焦程度选择最右侧的方形，以使毛的边界清晰（图 285 仅显示轮廓线上的毛）。

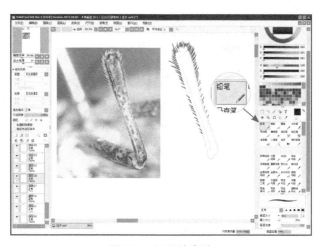

图 285 短毛的表达

8.4 长毛的表现

与短毛相比，一般长毛有一定的弯曲，绘制时除参考绘制短毛时画笔轮廓散焦程度等的设置外，需要注意长毛的长度和方向（图 286）。

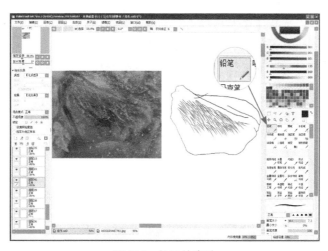

图 286 长毛的表达

8.5 光滑体表的表现

光滑体表主要通过调节颜色过渡、设置反光等进行操作。以金龟子小盾片为例，可以选定小盾片轮廓，使用"油漆桶"工具进行底色填充，并设置为正片叠底（图287）。使用"喷枪"工具对深色区域进行喷涂，喷涂范围以观察到的标本为准（图288）。对出现的不

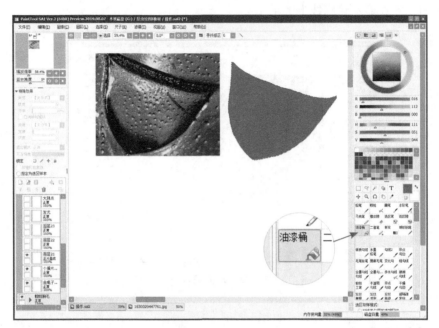

图287　小盾片底色填充

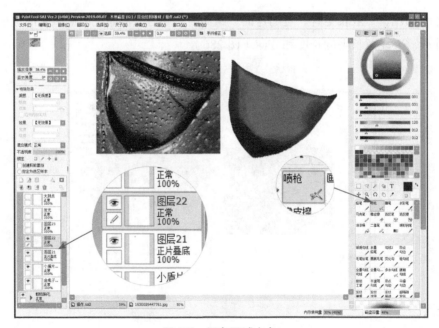

图288　深色区域上色

规则金属变色，可使用"斑驳泼洒"工具进行上底色处理（图289）。最后利用"铅笔"工具对强反光进行绘制，利用"喷枪"工具，并设置画笔轮廓散焦程度为最左侧的"山峰"形，可以达到虚化边界的效果，也可结合较大刻点做刻点部位的反光（图290）。

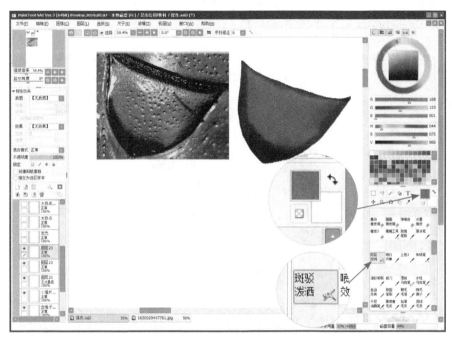

图 289　金属反光上底色

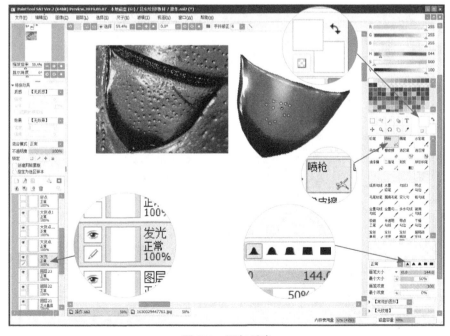

图 290　添加反光

8.6　强金属光泽的表现

与光滑体表的操作类似，首先要选择适合的底色，通过近似色差，利用"喷枪"工具绘制出层次感（图291）。再利用反光操作，即利用"喷枪"工具，利用颜色深浅过渡，达到强金属光泽的表达（图292、图293）。

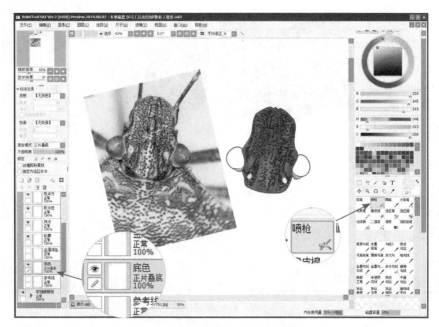

图291　底色不同层次的喷涂效果

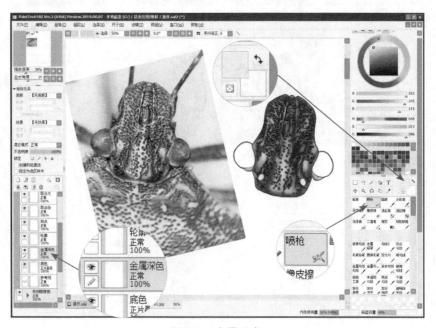

图292　金属反光

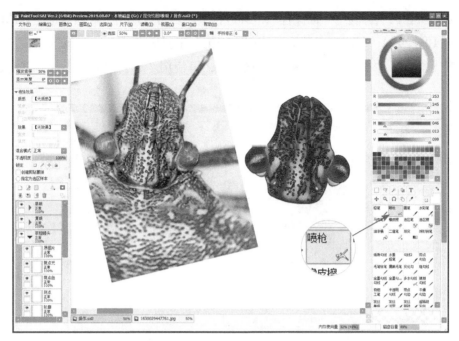

图 293   添加复眼和单眼颜色后对头部颜色的调节

8.7   多刺体表的表现

对于较粗大的刺，可以先用"铅笔"工具描绘出轮廓结构（图 294），使用"选区笔"

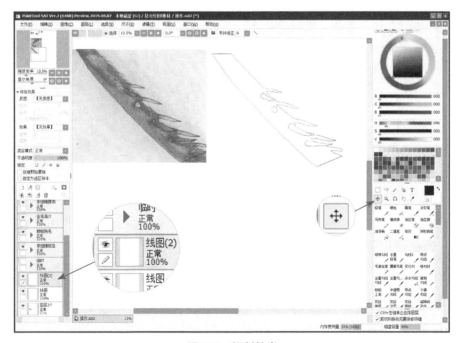

图 294   粗刺轮廓

175

工具选取刺所在区域，利用"油漆桶"工具进行上色。可以使用"取色器"工具选取标本基本颜色（图295）。在新建图层上，使用"喷枪"工具对刺的不同区域进行颜色加深或减淡处理（图296）。对非透明且有颗粒感的刺，可使用"斑驳泼洒"工具，以增强质感

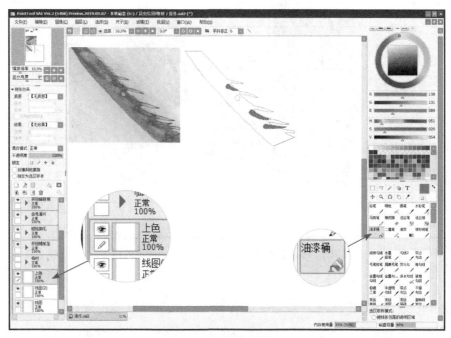

图 295　刺底色上色

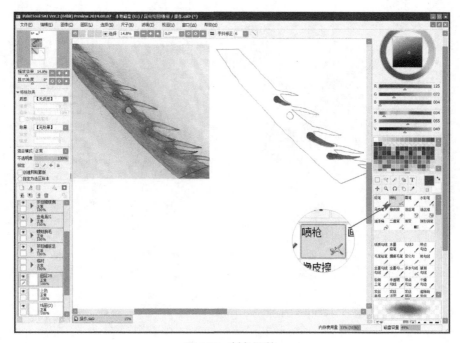

图 296　刺色调整

（图 297）。最后进行高光处理（图 298），操作参考相关内容。

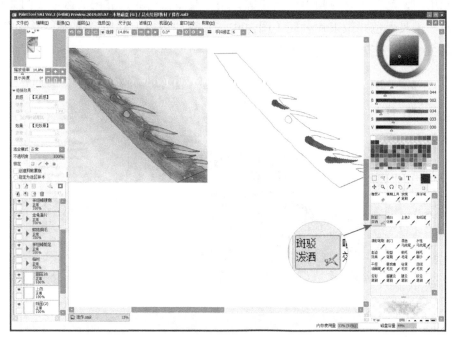

图 297　增强质感

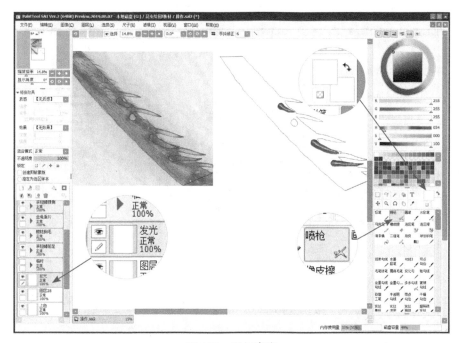

图 298　添加高光

8.8　多瘤突体表的表现

　　首先用"铅笔"工具勾画出瘤突轮廓，用"魔棒"选取轮廓内的区域（图299）。利用"喷枪"工具上色并做正片叠底（图300）。在新建图层上利用"喷枪"工具喷涂深色区域（图301），最后再制作反光（图302）。

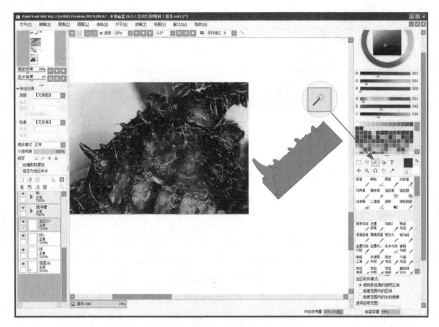

图 299　绘制的部分多瘤区域

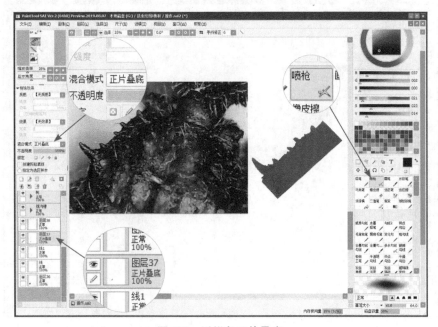

图 300　近似色正片叠底

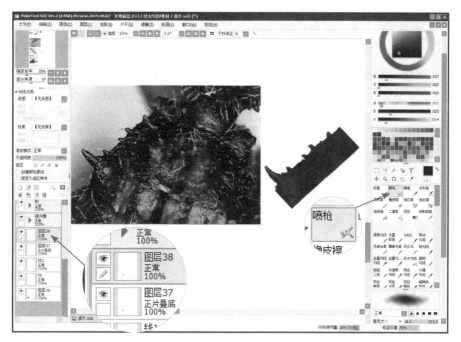

图 301　深色区域上色

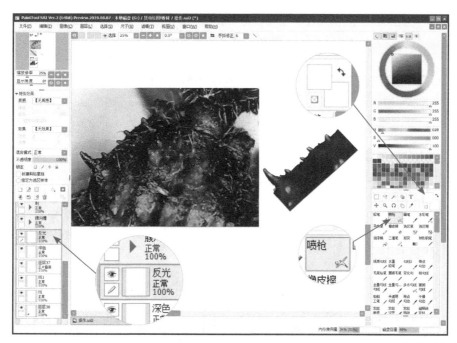

图 302　制作反光

8.9 多沟槽体表的表现

带有沟槽的体表主要通过线条颜色、高光、阴影等来表现。选取带有沟槽的体表，利用"油漆桶"或"喷枪"工具上底色，本示例采用"喷枪"上色（图303）。在新建图层上，利用"喷枪"和"喷溅"工具对深色区进行着色（图304）。利用"铅笔"工具刻画出小色斑（图305）。最后，调节喷枪和铅笔粗细，进行高光处理（图306）。

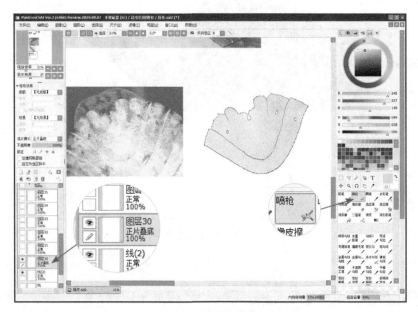

图 303　腹板上底色

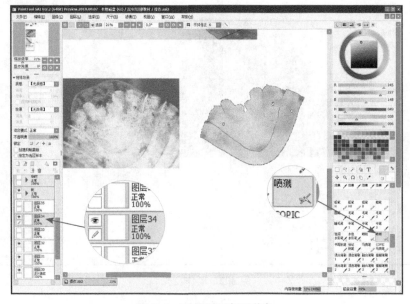

图 304　不规则深色区着色

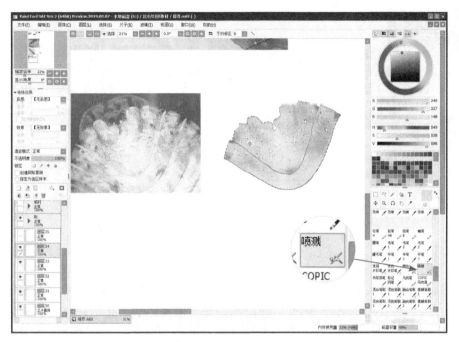

图 305　刻画小色斑

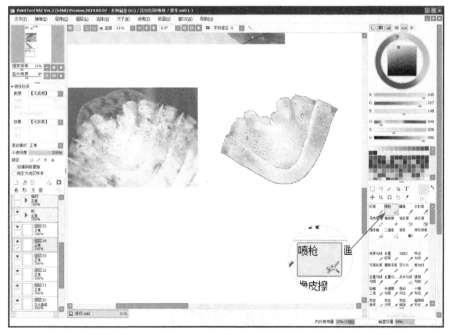

图 306　添加高光

09 绘图技巧的提高

9.1　色轮相关功能

　　色轮显示如何通过混合两种或更多颜色来生成特定的颜色。实质上就是在彩色光谱中所见的长条形色彩序列，只是将首尾连接在一起，形成环状。通过鼠标或感应笔移动色轮上的取色点（色轮上的圆圈），或直接点击色轮显示的颜色，可以快速选取不同的颜色（图307）。色轮中间为正方形，表示特定颜色的明度和饱和度。其中，竖直方向用于调节明度，越向上明度越高；水平方向用于调节饱和度，越向右颜色的饱和度越高。方框中圆圈所在位置表示所选取颜色的特定明度和饱和度组合结果（图307）。

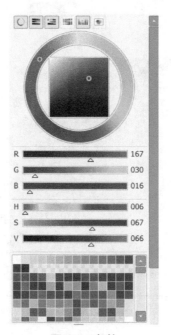

图 307　色轮

9.2 近似色的选择

标本近似色的选择以色轮选择基本色相为基础，通过调节明度和饱和度达到与标本近似的颜色。也可以在标本原图上使用"选色器"工具进行选取，再用"油漆桶"工具进行上色（图308）。而昆虫标本不同部位或同一部位不同区域近似色的选择，在基础色调的基础上，也可以对明度和饱和度进行逐步调节来实现，用"喷枪"工具对相应部位进行上色（图309）。

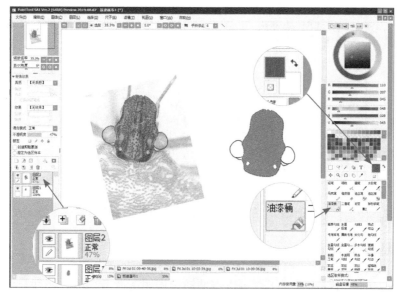

图308　标本近似色的选择

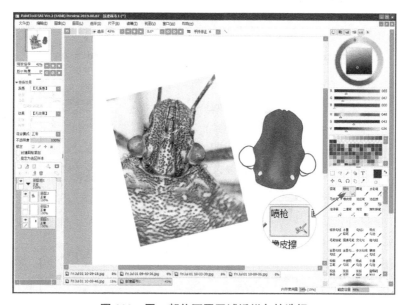

图309　同一部位不同区域近似色的选择

9.3 饱和度使用技巧

使用"Ctrl+U"打开"色相／饱和度"窗口，可以对所选图像的色相、饱和度和明度进行调节（图310）。色相、饱和度和明度的调节，可以使所上颜色更加接近标本原色。饱和度值越高，色泽越饱满、鲜艳；饱和度越低，色泽发灰色或发白灰色，颜色变淡。

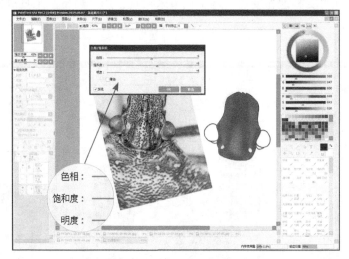

图310　色相、饱和度和明度的联合使用

9.4 明度调节技巧

如上所述，同时压下"Ctrl+U"可以方便地调用明度调节功能。明度与色相、饱和度联合使用，可以调出更加符合标本实际的颜色（图311）。明度越高，色泽越亮；明度越低，色泽越暗。

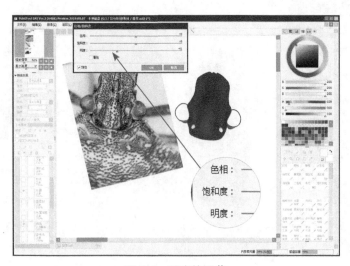

图311　明度的调节

9.5 色调的概念

色调是指一幅作品色彩外观的基本倾向。在明度、饱和度、色相这3个要素中，某种因素起主导作用，我们就称之为某种色调。一幅绘画作品虽然用了多种颜色，但总体有一种倾向，是偏蓝或偏红，是偏暖或偏冷等。这种颜色上的倾向就是一副绘画的色调。通常可以从色相、明度、冷暖、饱和度4个方面来定义一幅作品的色调。

在选色和调色过程中，选色是第一位的，只有选色准确，才容易用饱和度和明度配合，最后得到需要的色泽。

色泽的冷暖是一种心理感觉，通常把红色、黄色或红黄成分偏多的颜色称为暖色，把蓝色、绿色或蓝绿色偏多的颜色称为冷色。

9.6 斑块的表现

斑块是昆虫体表常见的不同颜色区域，是区别种属的重要特征之一。首先用"铅笔"工具勾画出斑块的大致边界。使用"选色器"工具吸取与斑块近似颜色，再使用"油漆桶"填充所选颜色，为便于修改和调色，斑块可单独新建图层，与正片叠底的颜色分图层操作（图312）。根据标本实际情况，使用"铅笔"工具点画出斑块中显现的不同颜色和高光，为便于对比显示，绘制部分与标本分离（图313）。

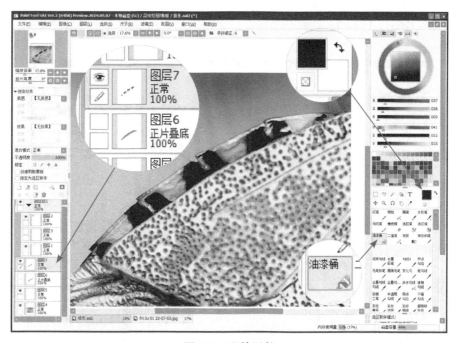

图 312 斑块形状

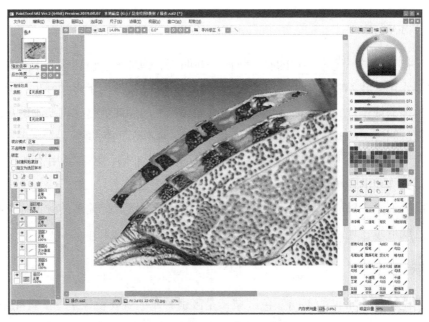

图 313　斑块中颜色和高光的表达

9.7　斑块边界的模糊效果

　　使用"模糊笔刷"工具沿着斑块边缘涂擦，可以实现斑块边界的模糊效果（图 314）。斑块边界与非斑块区域的过渡色，可使用"选色器"工具吸取相应颜色后，用"喷枪"工具进行喷涂（图 315）。

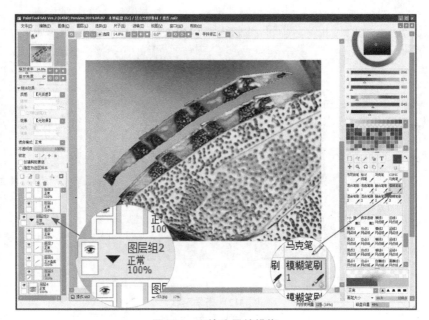

图 314　斑块边界的模糊

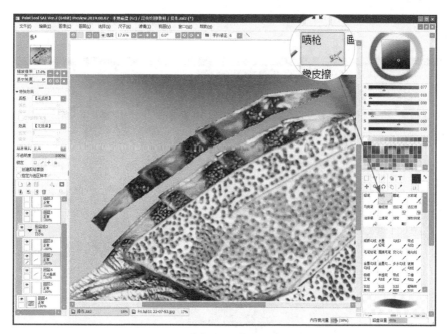

图 315　斑块与非斑块区域的过渡色

9.8　复杂背景下毛色的选择

在任何情况下，毛色的选择均以标本实际颜色为准，在绘制时，毛为独立的图层。如果毛的颜色本身有差异，不同颜色的毛为一组，设置为独立的图层，以便于上色。如毛色与背景色十分接近，可通过调节明度与背景分开。

注意毛的边缘会自然形成一个高光线条，在毛色与底色接近、容易混淆时，可以把毛色调得更为明亮（增加明度），也可以降低饱和度（使之变得略为灰白）。当浅色毛伸出体外，在白色背景下，线条会呈现不清晰的效果，可以降低明度，或者增大饱和度，使之更为显著。这些调色处理就是利用毛边缘的高光效果对毛色本身色泽的干扰，尽管调节后毛的色泽和毛本来的颜色会略有偏差，但是最终的表现效果却更好了。

9.9　单眼透明和高光的表现

昆虫的单眼一般表现为透明和高光，用"选色器"工具吸取单眼颜色后，使用"油漆桶"工具进行单眼填充上色。使用"Ctrl+U"打开"色相/饱和度"调节窗口，调节相应阈值，使单眼整体颜色接近标本原色（图 316）。使用"选色器"工具获取单眼外侧颜色，用"喷枪"工具喷涂相应区域，使单眼具有一定的透明度。选择白色，使用"铅笔"工具，添加高光。最后，使用"模糊笔刷"工具对高光边界进行虚化（图 317）。

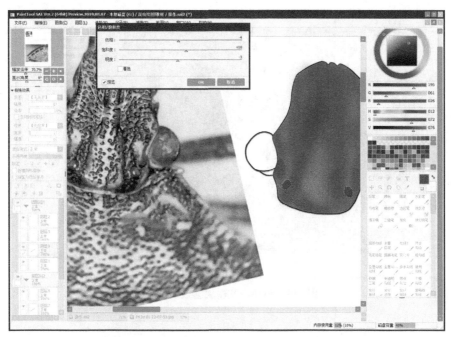

图 316　单眼上色

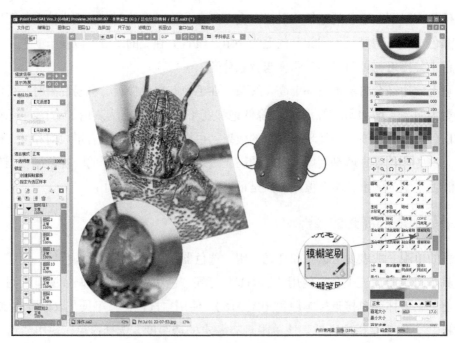

图 317　单眼透明和高光

9.10 复眼的表现

复眼由若干小眼组成，可根据小眼的大小，由不同规模的竖线和横线生成，也可以先做出单个小眼，再组合成复眼。可以较简单的竖线和横线生成模式，分别选择"横线2"和"竖线2"，在所选复眼区域进行涂擦，即可形成复眼网格结构（图318）。

使用"喷枪"工具在复眼区喷涂复眼底色，模式设置为正片叠底。新建图层，依次选取复眼由深到浅的颜色，围绕复眼中心向周边使用"喷枪"工具进行上色，高光处理参考上述相关章节内容（图319）。

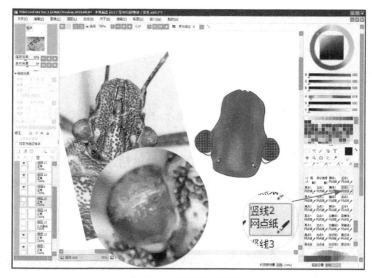

图318 复眼网络结构

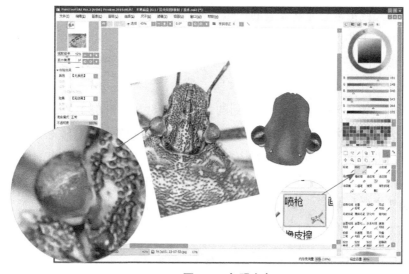

图319 复眼上色

10 昆虫数字绘图技术综合运用——虫体侧面观图的绘制

10.1 结构术语

昆虫属于无脊椎动物，体壁坚硬，体躯由一系列环节组成，形成头、胸、腹 3 个体段。头部不分节，通常有触角、复眼、单眼、口器。胸部有前胸、中胸、后胸 3 节，各节有 1 对足，分别称作前足、中足、后足。足的结构包括基节、转节、股节、胫节、跗节和爪；跗节的变化很多，少的 1 节，最多 5 节，在不同目间差异很大。中胸背侧有 1 对前翅，后胸背侧有 1 对后翅。腹部通常由 5~12 个可见腹节组成，各节的附肢在成虫和蛹期多退化，在幼虫常有一些遗留痕迹。半翅目昆虫（图 320、图 321）通常称为蝽，也叫臭板虫，也具有上述昆虫的一般性特征，但也有自己的特点。蝽类昆虫的触角一般有 4~5 节，身体扁平，前翅基部大部分坚硬如体壁，端部为膜质，所以这个类群的昆虫叫半翅目昆虫。此类昆虫的口器和其他类有很大差异，特化成为喙状，里面有口针，可以刺入植物体内吸取汁液。此类昆虫常有非常显著的臭味，在人手触摸后或受到惊吓后，臭味物质就由虫体胸部下面的臭腺孔分泌出来，迅速挥发到空气中，形成令人厌恶的臭味。若虫的臭腺孔的位置和成虫不同，一般在腹部背面的第 4、5、6 等节上。蝽类昆虫各足的跗节一般为 2~3 节，和大多数昆虫不同。

和背面观不同，侧面观整体图可以看到的特征有口针，口针的节数和各节的长度比例，常常用来作为不同种类的鉴定依据。头腹面包裹第 1 节喙的部位常隆起成脊状，称为小颊，它的长短和形态也常作为重要分类依据。此外，臭腺沟的长短和形状，中足基节和前、后足基节的相对远近，腹部气门的着生位置，也常用来作为分类的依据。腹部末端的生殖节在雌雄两性有较大差异，雄虫常形成 1 个中央隆起的圆形板状的下生殖板，雌虫常形成 2~3 对左右对称的骨片（产卵瓣、载瓣片或侧背片等）。

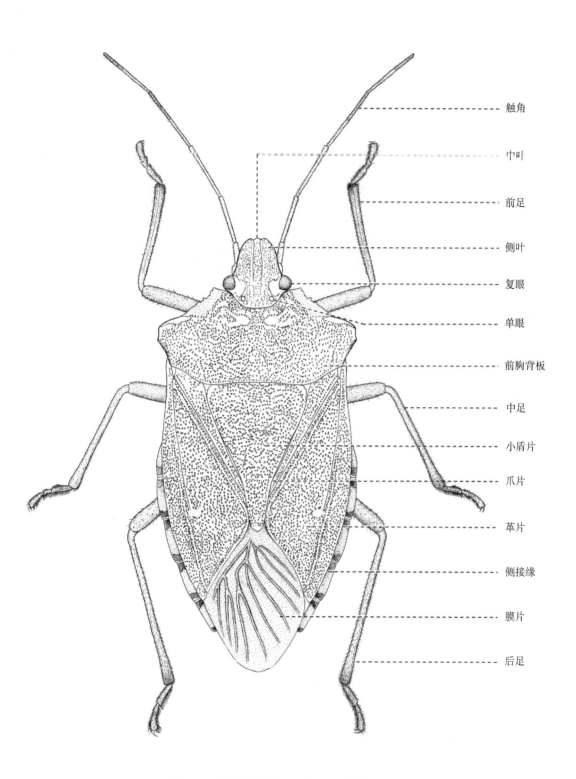

触角

中叶

前足

侧叶

复眼

单眼

前胸背板

中足

小盾片

爪片

革片

侧接缘

膜片

后足

图 320　蝽科昆虫的背面（仿彩万志等，2017）

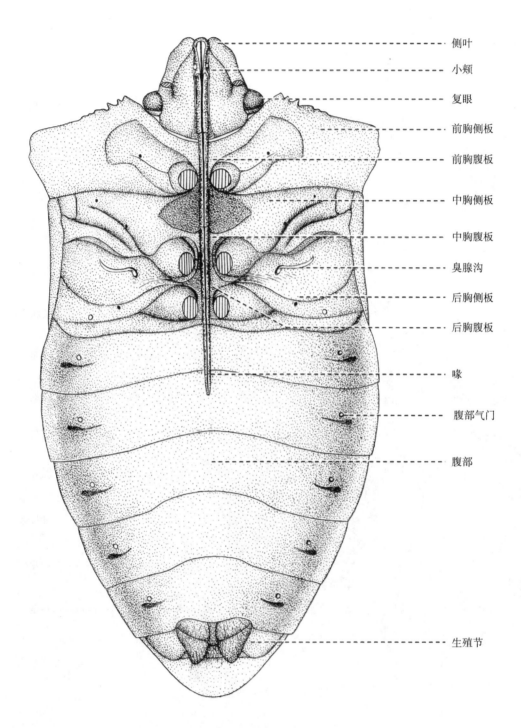

侧叶

小颊

复眼

前胸侧板

前胸腹板

中胸侧板

中胸腹板

臭腺沟

后胸侧板

后胸腹板

喙

腹部气门

腹部

生殖节

图321　蝽科昆虫的腹面（仿彩万志等，2017）

10.2 特征形态分析

半翅目昆虫全世界有 5 万余种，不同的科形态差异很大。具体到同蝽种类，在中胸腹板上常有 1 个大型的侧扁的纵脊，向前可以伸达头部下方，至少伸到前足基节之间。腹部第 3 节腹面中央常向前伸出 1 个粗壮的刺突，一般可以伸达中胸腹板。同蝽的跗节只有 2 节，和多数蝽类昆虫不同。另外，同蝽的触角为 5 节，和蝽科的昆虫形态接近，都属于蝽总科。

同蝽中胸腹板的纵脊是重要的科级特征，其长度和形态是侧面观整体图的重点，应当重点表现。另外腹部基部向前伸的刺突、臭腺沟的形态、喙的分节位置及长度，也是侧面整体图要重点表现的。腹部末端的生殖节的形态在同蝽科的不同种类之间，差异很大，需要重点表现。翅的结构和形态在背面观整体中已经有所表现，在侧面图中不再作为绘图重点。

10.3 侧面姿态图片采集

利用 Photoshop 软件可以拼合一系列图片，在图像采集时，应注意图片须按照一定的次序进行采集，由上到下，或由左到右，不宜忽左忽右，否则无法完成图像拼接。另外，相邻的 2 个图片，应该有 70% 以上的重复，否则容易出现错误。

图片在采集过程中，一般只能水平移动标本，不要上下移动标本，也不能改变焦距。

图片的采集尽量在同一物镜倍数下进行，不同物镜倍数下的图像无法进行拼接。

图片的采集还要包括标尺图像的采集。

10.4 原稿拼图

采集同蝽侧面图像后，用 Photoshop 的"文件"下拉框中的"脚本"的"将文件载入堆栈"按钮导入原始图像，全部图片选中后，点击"编辑"下拉框中的"自动对齐图层"，再次点击"编辑"下拉框，点选"自动混合图层"按钮，弹出"自动混合图层"对话框，点选"全景图"，点击"确定"。图片拼合完成后，仅保留第 1 个合并图层，其余残余图层文件全部删去，添加"标尺"后，将文件另存为"同蝽侧面 . png"的图像文件。点击"图像"下拉框，点选"图像大小"，将宽度设定为原来的 25%，可以缩小文件至 10MB 左右。点击"图像"下拉框，点选"画布大小"，将高度设定为原来的 300%，宽度扩大到原来的 150%，点击"确定"。同时压下"Ctrl+S"保存文件。

10.5 构图

同蝽的侧面观整体图在构图上主要是要充分表现中胸腹板的纵脊、喙的节数和各节的长度、小颊的形状、臭腺沟的形态、腹末生殖节的形态。以上结构均不应受到附肢的干扰。

头部中叶和侧叶的形态也应予以照顾，这2个部位比较小，容易被触角遮盖，应尽量和小颊受到的遮蔽做全面的平衡，以不造成结构的误解为前提。

触角和各足应充分展现各节的长度和形态，需要充分的摆平。

启动SAI软件，打开"同蝽侧面.png"，另存为"侧图.sai"。打开"触角.png"，全选复制后，在"同蝽侧面.sai"中粘贴图层，会自动产生1个新图层，命名为"触角"。打开"体.psd"，关闭其他图层，仅显露右侧前、中、后3个足和标尺，另存为"3足.png"。在SAI软件中，再打开"3足.png"，利用自由变换先把标尺和侧面整体图的标尺调成一致，然后点击"套索"工具，分别剪贴前足、中足和后足到"侧图.sai"文件中，对自动新建的图层分别命名为"前足""中足""后足"。对"前足""中足"图层，做"水平翻转"，然后把各足的基节和侧面整体图的基节对齐，同时使触角和各足的摆放尽量自然协调。

然后点击"新建图层"，点击"矩形"选区，点击同蝽侧面整体图所在的图层，制作1个和标尺同样大小的矩形选区，点击"油漆桶"工具，在新建图层中填充黑色，命名为"标尺"。并把同蝽侧面整体图所在的图层命名为"侧面图像"。以上过程细节操作可参考6.12前足的添加与姿态控制，全部准备工作完成后，就可以开始线稿的绘制了。

10.6 绘制线稿

在最顶层新建钢笔图层，双击该图层图标，命名为"钢线稿"（图322）。隐蔽其他图层，仅保留"侧面图像"图层和新建的钢笔图层，用"曲线"工具，笔尖最大直径选4像素，描绘出同蝽的外轮廓线，"钢线稿"图层的名称调整为"体线稿"（图323）。这里线条绘制采用"钢笔"工具中的"曲线"工具，只需点击所绘曲线的起点和转折的关键点，软件会自动生成1条圆滑的曲线，到终点时，连续点击2下，即可完成线条的绘制。

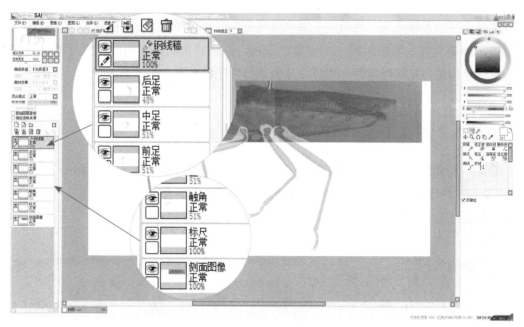

图 322　同蝽侧面整体图绘制前的准备

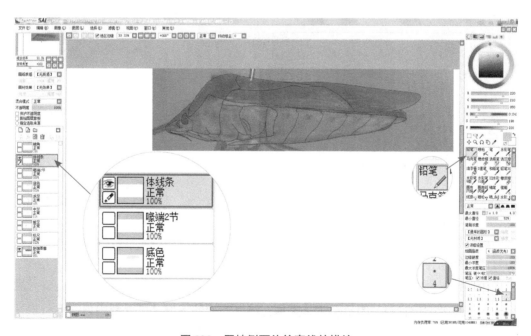

图 323　同蝽侧面外轮廓线的描绘

10.7 色彩分析

体腹面以淡黄绿色为主色调。上唇暗绿褐色，触角基部翠绿色，腹末侧接缘背面红褐色。腹末倒 2 节背板后半黑褐色，前半红褐色。前胸背板侧角及前胸背板后缘前方红褐色。单眼红褐色。复眼黑褐色。体背面其他部分色泽参考第 7 章相关内容。

10.8 底色添加

隐藏"侧面图像"图层，依次做出虫体的"底色"图层、"头底色"图层、"复眼底色"图层、"单眼底色"图层、"前胸背面底色"图层、"小盾片底色"图层、"膜片底色"图层。显露"触角""前足""中足""后足"4 个图层（图 324）。

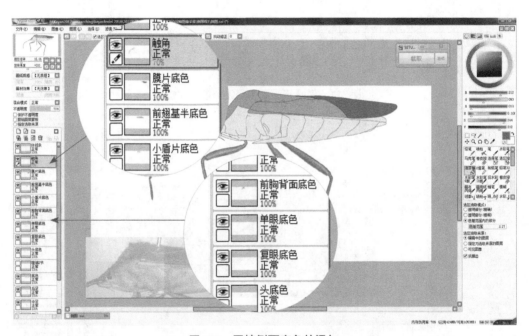

图 324　同蝽侧面底色的添加

绘制过程中，根据需要随时对不同部位的底色图层进行补充。发现线条不准确时，可以随时修改线稿，同时修正相应的底色图层（图 325）。

可根据情况，建立钢笔图层，利用"曲线"工具绘制一些几何特点鲜明的线条，线条粗细的最大直径的设置和"铅笔"工具类似。绘制不准的地方，可以利用"锚点"工具进行补充和删除锚点操作（图 326）。钢笔图层绘制的线条属于矢量图，可以和普通图层进行拼合，拼合后的图层为一般的普通图层。革片和爪片的边界的主体部分通常是一条笔直的线，在飞行时像门轴一样，可以不断地转动。这里，可以利用"曲线"工具直接拉出

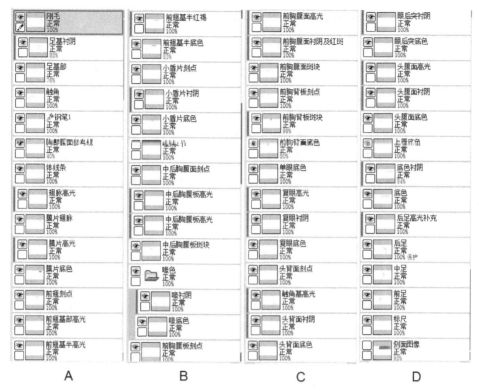

A~D，表示从上到下侧面整体图绘制过程中的图层设置，分别是最上方的 1/4、中上部的 1/4、中下部的 1/4、最下方的 1/4。蓝色的图层为工作图层。

图 325　同蜻侧面整体图的图层设置

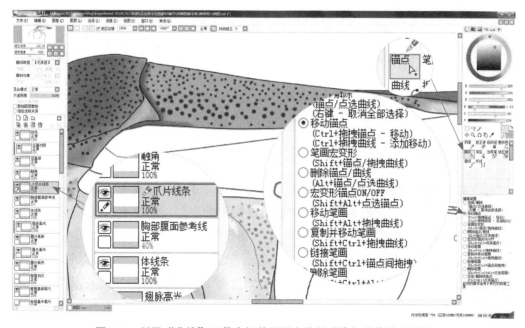

图 326　利用"曲线"工具在钢笔图层上绘制爪片与革片的交界线

1 条直线。革片和爪片交界线的末端，利用"钢笔"工具直接画出即可，使用方法和"铅笔"工具类似。

10.9　衬阴与高光处理

在每个结构的底色图层上，分别建立新建图层，设置"剪贴图层蒙板"，通常需要 1 个衬阴图层和 1 个高光图层，结构简单时，可以合并为 1 个。结构复杂时，可以设立图层组，各组包括不同的亚结构或亚层次（图 325）。同蝽侧面整体图的衬阴和高光总体效果如图 327。

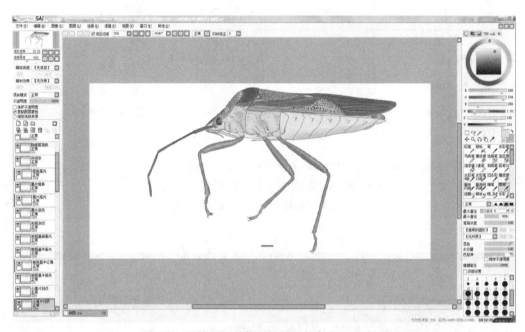

图 327　同蝽侧面整体图的衬阴与高光处理效果

10.10　毛的表现

"毛"图层通常最后绘制。毛的绘制采用"铅笔"工具，笔刷最大直径选用 3 像素，最小直径设置为 15%。毛色需要在显微镜下视检后确定，在色轮上选出最接近的颜色。当毛色和背景色较为接近时，可以通过调整"HSV 滑块"的 H 滑块和 V 滑块，在原来底色的基础上，通过适当改变饱和度和明度，造成一定的差异，使毛色更为突出。毛色调整的幅度以可以分清楚刚毛即可，不能与原色偏差过大（图 328、图 329）。

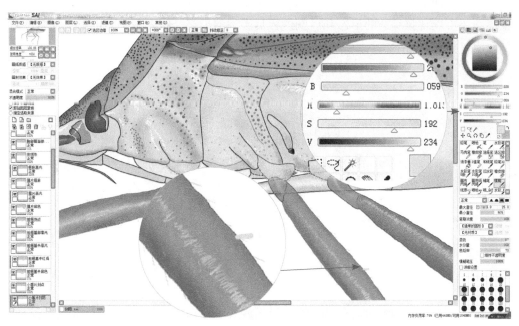

图 328　基节位置毛的表现

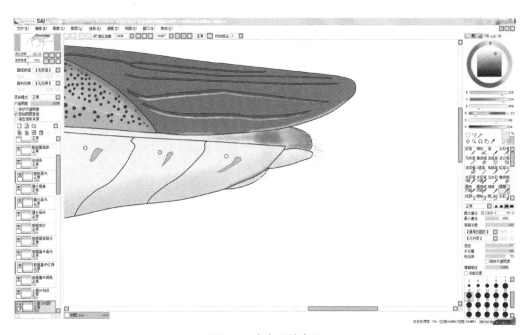

图 329　腹末毛的表现

　　同蝽侧面整体绘制效果见图 330，与背面观图比较，可以展现同蝽中胸腹部的纵扁脊，向前几乎伸达前胸腹板的前缘。同时，由于中胸腹板脊的遮挡，喙仅显露一部分。侧面整体图还可展现腹基突的形态和后胸侧板臭腺沟的形态。腹末生殖节的形态通常在雌雄之间有明显差异。

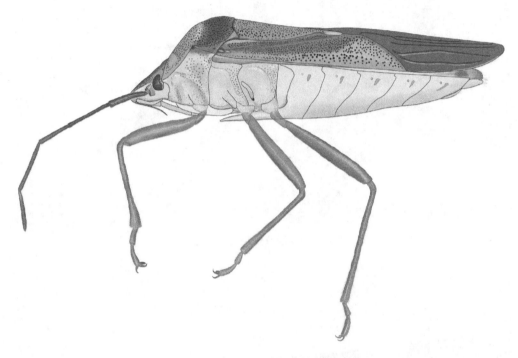

图 330　同蝽侧面整体绘制效果

图片保存与应用技巧

11.1 图片文件的格式类型及特点

通常情况下，数字图片分为像素图和矢量图两类，像素图（位图）是使用像素点阵列拼合的图像。通过拍摄、截图等方式捕捉得到的图像都是像素图。当像素图放大到一定程度后就会出现模糊感。常见的像素图包括 JPEG（jpg）、PNG（png）、TIFF（tiff）等格式。而矢量图是使用点、线、面构成的图像，是通过矢量软件绘制得到的。其中的点、线、面都是数字化的，放大后不会有模糊感，常见的矢量图包括 AI、EPS、SVG 等格式。

11.1.1　JPEG（Joint Photographic Experts Group）图片文件

JPEG 是最常见的图片格式，使用十分广泛，几乎所有的数码相机和网络环境都支持。它是 JPEG 标准的产物，该标准由国际标准化组织（ISO）制定，是一种面向连续色调静止图像的压缩标准。它可以使用有损压缩的方式，去除图片中不需要的像素，压缩图片尺寸。

用途：常用于相机拍摄照片、网络图片等，经常被用作图片处理的最终输出格式。

优势：用途很广泛，几乎所有平台和系统都支持此类文件，支持不同级别的压缩，压缩后的文件尺寸较小，适合携带、发送和传播。

劣势：由于属于有损压缩，图片会随着重新存储次数增多而降低质量，也不支持保存图层和透明度等信息。

11.1.2　TIFF（Tag Image File Format）图片文件

TIFF 是一种灵活的位图格式文件，主要用来存储包括照片和艺术图在内的图像，最初是 Aldus 公司与微软公司一起为 PostScript 打印而开发的一种图片文件格式。

用途：主要用于保存高品质的图像，通常会被平面设计师用于出版印刷。

优势：该图片文件类型属于无损图像格式，默认设置下在压缩时不会损失信息，也支持开启有损压缩的设置。它还支持存储带有多图层、透明度等内容的高品质图像。

劣势：图片尺寸较大，通常远大于 JPEG 文件，甚至有可能大于 RAW 文件。在预览显示方面，只有借助专业软件才支持多页面功能。

11.1.3　PNG（Portable Network Graphics）图片文件

PNG 是一种采用无损压缩算法的位图格式文件，其开发目的是替代 GIF 和 TIFF 文件格式，同时增加一些 GIF 文件格式所不具备的特性。PNG 使用无损数据压缩算法，压缩比高，生成文件体积小，一般应用于 JAVA 程序和网页中。

用途：在网络上是最常用的图片格式，对显示器有一定优化。

优势：该图片格式体积小，无损压缩，采用索引彩色模式，支持比 GIF 更多的颜色，还支持透明效果等。

劣势：它的文件尺寸通常比 JPEG 大，而且仅支持 RGB 色彩空间。

11.1.4　GIF（Graphics Interchange Format）图片文件

GIF 是早期互联网的产物，能被压缩到非常小的尺寸。以超文本标志语言（Hypertext Markup Language）方式显示索引彩色图像，在网络服务系统上应用广泛。

用途：主要用于网络动态图片。

优势：无损压缩，尺寸较小，网络加载速度快，支持动画效果和透明度。

劣势：最大仅支持 256 色，不支持 CMYK 或其他色彩模式。

11.1.5　PSD（Photoshop Document）图片文件

PSD 是 Photoshop 软件的专用格式，可以存储 Photoshop 中所有的图层、通道、注解和颜色模式等信息。虽然在保存时会将文件压缩，以减少占用磁盘空间，但比其他格式的图像文件还是要大得多。

用途：用于 Photoshop 的相关项目，也常用于大尺寸印刷和照片编辑。很多打印机也开始支持 PSD 格式文件的输出。

优势：能保存 Photoshop 的所有编辑结果，支持透明度，也可以组合使用像素图和矢量图。

劣势：尺寸容易变得很大，不利于网络传播。

11.1.6　RAW 图片文件

RAW 的原意就是"未经加工"。它记录了数码相机，尤其是单反相机传感器的原始信息，同时记录了拍摄所产生的一些元数据，如 ISO 的设置、快门速度、光圈值、白平衡等，是现代相机使用的存储格式。不同的相机品牌支持的 RAW 格式有所不同，后缀可能是 CR2、NEF、DNG 等。

用途：主要用于专业摄影，尤其在照片需要后期编辑时，可以重设上述元数据。

优势：可以保留照片更多的拍摄信息，非常适用于后期再编辑。

劣势：图片尺寸非常大，占用存储空间多，一些照片编辑器不支持该文件类型，且大多数打印机也不支持。

11.1.7　EPS（Encapsulated PostScript）图片文件

EPS 是矢量图通用文件格式，大多数矢量编辑软件都支持。又被称为带有预视图像的 PS 格式，由一个 PostScript 语言的文本文件和一个低分辨率的 TIFF 格式描述的代表图像所组成，利用文件头信息可使其嵌入 WORD 等文档中，并给予显示。

用途：用于保存矢量图，比如插画、Logo 和图标。

优势：支持任何尺寸的图像显示和打印，可以轻松转换为像素图。

劣势：用于编辑的软件种类有限。

11.1.8　SVG（Scalable Vector Graphics）图片文件

SVG 文件基于 XML 格式，适合将矢量图发布至网络，也适用于导出 2D 图像到 3D 软件中。

用途：主要用于网络矢量图，或将图像导入 3D 软件。

优势：支持矢量内容，也支持文本和像素图，还可以添加动画。当放大或缩小时，不会产生模糊感，尺寸也较小，可直接作为代码放在 HTML 里，也可以被搜索引擎检索。

劣势：支持的颜色深度有限，不适合印刷。

11.1.9　PDF（Portable Document Format）图片文件

PDF 格式是用于印刷的通用标准之一，是与操作系统、应用程序、硬件等无关的方式进行文件交换所发展出的文件格式。以 PostScript 语言图像模型为基础，在任何打印机上都可显现精确地打印每一个字符、颜色和图像。

用途：存储文档，用于显示和打印。

优势：可以同时存储像素图、矢量图和文本。很多软件均可以输出 PDF，且支持多页。

劣势：很难编辑。

11.1.10　BMP（Bitmap）图片文件

BMP 是一种较古老的像素图格式，是 Windows 操作系统中的标准图像文件格式，可以分为设备有向量相关位图（DDB）和设备无向量相关位图（DIB）两类。它采用位映射存储格式，除了图像深度可选外，不采用其他任何压缩，因此，所占用的空间较大。

用途：主要应用于图像不压缩、图像比较大且细腻的文件处理中，比如户外广告、照片细节处理、图像逐点像素分析等。

优势：文件无压缩，大多数系统都支持。

劣势：相对来说文件尺寸较大，且不支持 CMYK 颜色模式。

11.2 图片的保存

为便于对绘制的图片进行修改加工，在不同软件中保存的图片文件类型不同。如在 SAI 中，可选择多种保存格式，但以 SAI2 和 PSD 文件为主。而对绘图作品，除了可保存这种可编辑文件外，也可导出为单图层文件，如 BMP、JPEG、PNG 等（图 331）。

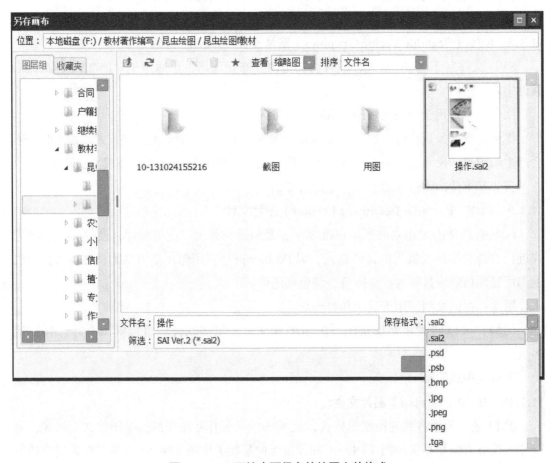

图 331　SAI 环境中可保存的绘图文件格式

11.3 图片压缩

对于绘制完成的原始图片，一般可达到几十或数百兆的储存空间，而用于普通印刷或上传网络的图片，在保证一定清晰度的情况下，占用空间越小越好，这就需要对图片进行压缩处理。通常情况下，可以通过图片格式转换插件或软件来实现，如把 PNG 格式转换为 JPEG 格式图片等。也可以通过图像编辑软件调整图像的大小，包括尺寸和分辨率（图 332）。

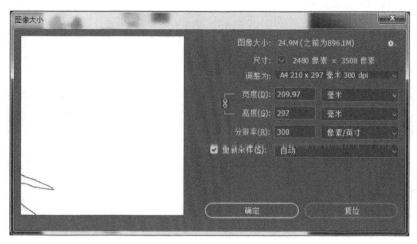

图 332   在 Photoshop 软件中调整图像大小

11.4   图片的大小与任务复杂度的关系

通常情况下，图片的大小由图片尺寸和分辨率决定。尺寸越大、分辨率越高，图片就越大。无论在 SAI 还是在 Photoshop 软件中，除图片尺寸和分辨率外，图层的多少、线条和颜色的复杂程度等也直接决定了最终图片的大小。即在图像绘制过程中，使用的图层越多、使用的线条和颜色越复杂，最终的图片也就越大。

12 数字版权的保护

12.1 数字版权的概念

数字版权是一个随着科技的发展应运而生的创新性术语，学术界和科研领域由于侧重点不同，对该术语有不同的定义。数字版权的主体是创作文学、艺术和科学作品的作者，以及依法享有著作权的其他民事主体；客体是数字作品，即以数字化形式表现，以二进制形式储存的作品；其权力内容是我国著作权法中规定的所有著作权权利内容，包括人身权、财产权和与著作权有关的权力。因此，数字版权可以定义为作者或其他权利人对其所创作或拥有的数字作品的著作权。

12.2 数字版权保护的相关法律

数字版权保护（Digital Rights Management，DRM）是对网络中传播的数字作品进行版权保护的主要手段。其内容是：在数字内容交易过程中对知识产权进行保护的技术、工具和处理过程。DRM 是采取信息安全技术手段在内的系统解决方案，在保证合法的、具有权限的用户对数字信息（如数字图像、音频、视频等）正常使用的同时，保护数字信息创作者和拥有者的版权，根据版权信息获得合法收益，并在版权受到侵害时能够鉴别数字信息的版权归属及版权信息的真伪。数字版权保护技术就是对各类数字内容的知识产权进行保护的一系列软硬件技术，用以保证数字内容在整个生命周期内的合法使用，平衡数字内容价值链中各个角色的利益和需求，促进整个数字化市场的发展和信息的传播。具体来说，包括对数字资产各种形式的使用进行描述、识别、交易、保护、监控和跟踪等各个过程。数字版权保护技术贯穿数字内容从产生到分发、从销售到使用的整个内容流通过程，涉及整个数字内容价值链。

在我国现行的法律法规中，涉及"数字版权"概念、规定的有：

1999 年《关于制作数字化制品的著作权规定》，在本规定第一条指出，数字化制品是指将受著作权法保护的作品以数字代码形式固定的有形载体。

2008 年《电子出版物出版管理规定》中指出，电子出版物是指以数字代码方式，将有知识性、思想性内容的信息编辑加工后存储在固定物理形态的磁、光、电等介质上，通过电子阅读、显示、播放设备读取使用的大众传播媒体。

2010 年新闻出版总署在《关于加快我国数字出版产业发展的若干意见》中指出，数字出版是指利用数字技术进行内容编辑加工，并通过网络传播数字内容产品的一种新型出版方式，其主要特征为内容生产数字化、管理过程数字化、产品形态数字化和传播渠道网络化。数字出版产品的传播途径主要包括有线互联网、无线通信网和卫星网络等。

2020 年修订的《中华人民共和国著作权法》中，第十条关于"复制权"增加了一项内容，即以数字化等方式将作品制作一份或者多份的权利。

12.3 侵权事实的认定

数字作品天然具有可复制、易篡改、非独占等特点，加上消费者版权意识薄弱，数字作品被盗用、滥用的现象非常普遍。同时由于在线信息流转速度加快、传播网络日益复杂，导致维权举证困难、维权成本过高，相关权益往往难以得到有效保障。尤其在短视频和自媒体盛行的当下，人人都是创作者，由此引发的洗稿剽窃等行为更是屡禁不止。每年数字内容市场因盗版侵权造成的损失额庞大。

数字版权保护体系存在亟待解决的痛点，主要体现为以下 3 个方面。

（1）确权存证难。由于技术限制，原有的数字作品版权登记往往需要准备材料，流程烦琐，时间长，耗费较多精力，无法满足当前市场作品量多、传播快的需求，也导致数字版权拥有者登记意愿低。同时，数字作品形式多样，目前业界尚无统一的规范化的版权存证体系规范，加大了数字作品的存证登记流程的耗时和成本。

（2）维权取证难。互联网上每时每刻都在涌现出大量的数字作品，原有的数字版权管理体系难以实现有效监控，同时由于网络侵权行为有隐蔽性、跨地区性等特点，加上侵权技术手段更新快，侵权方式越来越多样，侵权内容也容易被删改甚至销毁，因而很多时候无法及时获取侵权证据，导致司法证据材料收集、认定困难，维权难以实现。

（3）授权交易难。由于现有的数字版权利益分配体系尚不完善，数字版权收益难以公平有效地在原创作者和相关机构间分配，特别是在复杂的互联网环境下，数字作品的发布渠道更加多样化，版权使用方式也各不相同，原有的版税结算和版权收益体系无法有效地解决变化中的价值流动分配，无法很好地保障创作者、消费者和平台方的权益。

侵权行为的认定，首先要分析数字版权的侵权认定方法。作品之间的侵权，一般有两种方式。其一是复制，包括完全的复制和部分的复制。前者必是侵权自不待言，部分复制是否侵权有两种判断方法：第一种是从量上来说，复制的部分在整个作品中不得超过一定比例，超过即为侵权；第二种是从质上进行判断，复制部分不能成为作品内容的主体，否则即为侵权。其二是侵权作品来源于版权作品，不过不是复制，而是表达上的实质相似，即改头换面的抄袭。

12.4 侵权损害的评估

根据侵权行为认定结果，依据《中华人民共和国著作权法》（2020 年 11 月 11 日第十三届全国人民代表大会常务委员会第二十三次会议《关于修改〈中华人民共和国著作权法〉的决定》第三次修正）第五十二条规定，有下列侵权行为的，应当根据情况，承担停止侵害、消除影响、赔礼道歉、赔偿损失等民事责任：

（一）未经著作权人许可，发表其作品的；

（二）未经合作作者许可，将与他人合作创作的作品当作自己单独创作的作品发表的；

（三）没有参加创作，为谋取个人名利，在他人作品上署名的；

（四）歪曲、篡改他人作品的；

（五）剽窃他人作品的；

（六）未经著作权人许可，以展览、摄制视听作品的方法使用作品，或者以改编、翻译、注释等方式使用作品的，本法另有规定的除外；

（七）使用他人作品，应当支付报酬而未支付的；

（八）未经视听作品、计算机软件、录音录像制品的著作权人、表演者或者录音录像制作者许可，出租其作品或者录音录像制品的原件或者复制件的，本法另有规定的除外；

（九）未经出版者许可，使用其出版的图书、期刊的版式设计的；

（十）未经表演者许可，从现场直播或者公开传送其现场表演，或者录制其表演的；

（十一）其他侵犯著作权以及与著作权有关的权利的行为。

12.5 数字版权的保护途径

12.5.1 健全数字版权保护配套法律法规

数字出版是人类文化的数字化传承，其重要性日益凸显。但在数字版权保护领域，我国相关法律相对滞后，且规定较为模糊，很难应对实践中出现的诸多困扰。针对数字版权的日渐增长的重要性以及相关法律规定难以满足的现实，有必要对数字版权保护的相关法律、法规进行完善。首先，为凸显在技术支持背景下，数字版权同传统版权的差异性与特殊性，需对数字出版物设立单独的数字出版权，并出台专门针对数字出版领域的法律制度。其次，应对数字版权所有者、使用者，以及网络运营平台的权利义务进行明确，并结合数字版权侵权行为所具有的特点，对数字版权侵权行为的构成要件、表现形式，以及归责原则重新进行梳理，并建立相应的惩罚机制，以实现对版权所有者合法权益的保障，同时为了实现数字作品著作权人同公众之间的利益均衡，也需对数字版权的合理使用范围进行明确。最后，由于数字版权蕴含着极强的技术属性，在对数字版权的许可使用及转让程序进行规范时，可以结合大数据传播的特点，并融入相应的加密技术以及区块链技术，以实现可识别、可查询、可溯源，最终实现数字出版环境的有序化以及出版市场的安全化。

12.5.2 增强主体的数字版权保护意识

我国版权保护工作本身起步较晚，更遑论对数字版权的保护。况且在互联网领域，"免费的午餐"观念早已深入人心，要想改变此种观念，便需增强对数字版权保护的宣传与教育。首先，为了营造良好的版权文化氛围，增强社会公众的版权保护意识，可以加大对数字版权保护的宣传、教育与警示力度。尤其对于青少年群体，其作为未来国家建设的主力，如果不加强其对数字版权的重视程度，我国的版权文化将会在未来面临重大危机。而且，相对于中年群体来讲，青少年群体也更容易接受和使用电子出版物，因此，增强该群体对于数字版权的保护意识就具有必要性与迫切性。可以采用在学校开设相关数字版权保护的课程及讲座的方式，以提高青少年群体对数字版权保护的了解。其次，数字出版行业的从业者以及经营者作为数字出版行业的关键环节，要树立正确的出版观，不仅仅是增强对自身版权的保护意识，也需要尊重其他版权人的智力劳动成果。此外，还需发挥数字出版行业协会的作用，数字出版行业协会作为代表数字出版企业利益的行业组织，需增强服务数字出版企业的意识，并积极采取措施鼓励相关企业进行版权创新，加强对企业抵制盗版行为的引导。最终形成数字出版企业、行业协会，以及政府之间相互联动的版权创新保护机制。最后，数字作品著作权人作为作品内容的生产者，也需加强对自身作品数字版权的保护意识，及时进行著作权登记，当权益受到侵害时，积极寻求维权路径。要明确的是，数字版权保护意识的提高不可能一蹴而就，而是需要相关政府部门长时间、持续性地进行宣传、教育与警示，全社会对版权的重视程度才能逐渐得到提升，也才能形成良好的数字版权保护文化氛围。

12.5.3 推动数字版权保护技术的研发与应用

一方面，应加大自主研发能力，尤其是对于区块链技术的应用更能促进对数字版权的保护。区块链技术作为一个可以实现信息共享的数据资源库，其具有"不可伪造""全程留痕""公开透明"等特征。在区块链技术支持下的数字版权交易更加透明与便捷，能有效解决当前所存在的盗版侵权泛滥、维权困难，以及数字版权归属模糊等问题。但需注意的是，区块链技术作为近年来迅速发展的一项前沿技术，虽然给我国数字版权保护带来了诸多机遇，但是由于该技术在数字出版领域尚且处于起步阶段，在实践与运用过程中仍存在区块链技术易被攻击、破解而带来安全隐患的问题。因此，需要有关部门加大研发区块链技术的力度，积极研发并掌握相关知识产权的核心技术，从而实现同数字出版更好地融合。

另一方面，面对数字信息技术的冲击，传统版权管理模式很难应对当前数字版权保护过程中出现的新问题，尝试建立国家数字管理平台不失为一种可行的解决方案。针对当前各个平台版权保护技术的不兼容性的问题，该平台可以统一数字版权保护涉及的相关标准，从而使得各平台数字版权保护技术能够实现相互兼容，以实现平台之间资源信息的高效互通。此外，数字管理平台作为一个中间性质的平台，不仅可以实现对数字版权的集中管理，有效解决数字版权的归属认定问题，而且也能打破版权所有者作为独立个体因维权成本高昂，维权能力不足的僵局，对数字版权环境的整治和改善具有积极的推动作用。

12.6　数字版权的交易

根据数字化内容的不同，数字版权交易途径繁多。就数字图片来说，目前主要通过互联网渠道作为平台联系供需两端。模式可分为微利图片库商业模式和典型商业模式。

微利图片库的运作一般是由素材作者上传图片到网站，网站负责代理销售，用户可以根据下载量获取相应的版税收入。整个在线交易链条分为4个步骤：一是由图片供应者在数据库上传图片并经过审核；二是图片需求方在数据库中搜索图片；三是用户支付后下载图片，或通过预先付费下载图片；四是图片库公司与图片供应者收益分成。

典型商业模式图片库的运作主要基于互联网，用户可通过版权交易平台进行浏览、搜索、支付。其经营有以下3个主要环节。

一是接受上游内容提供方的委托。包括个人或机构与图片库公司形成委托与被委托的关系。内容提供方以协议的方式将其作品委托给图片库公司，由图片库公司代理视觉素材的权益，素材权益出售的收益由图片库与作者分享。

二是图片库公司对视觉素材进行加工，原始素材真正成为图片库的"商品"。总体而言，图片编辑部门往往是团队中规模最大的，编辑能力以及后台处理能力是图片库公司竞争力的重要体现。

三是视觉素材的营销。商业图片库公司会对包括媒体、广告公司、大型企业等客户进行营销。素材营销多采取线下一对一方式，包括对客户个性化需求的理解、及时接收图片用户反馈的信息，最大限度开发图片价值。

12.7　数字版权保护的发展

数字出版快速发展给版权保护带来严峻挑战，现阶段，我国在法律方面、技术方面积极寻求完善数字版权保护的办法，数字版权保护已取得初步成效。

纵观法律体系的构建史，每当一个新事物出现，都要对法律体系的构建产生影响。版权法的历史也可以称为媒介技术的发展史，当数字出版这样一个新事物产生和发展，版权法的构建或多或少都要进行相应的调整。

2001 年 10 月 27 日第一次修订的《中华人民共和国著作权法》，表明版权保护开始向虚拟环境延伸，特别是"信息网络传播权"的增加，标志着数字版权保护的开端。2002 年 8 月，新闻出版总署、信息产业部制定了《互联网出版管理暂行规定》，规范了互联网出版活动，促进互联网出版行为又好又快发展。2005 年 4 月 30 日，国家版权局、信息产业部联合制定了《互联网著作权行政保护办法》，为加强行政手段管理互联网著作权保护力度，规范行政执法行为提供了依据，旨在保护版权人的信息网络传播权。2006 年 5 月 18 日，国务院又通过并实施了《信息网络传播权保护条例》，明确了信息网络传播权的保护对象、侵权行为、合理使用、免责条件、侵权责任，细化了数字化环境中的版权保护问题，在数字版权保护史中具有里程碑的意义。现阶段，以《中华人民共和国著作权法》为基础，拓展了相关的法律条款，但针对数字版权的法律体系还不健全。

随着计算机技术、通信技术的高速发展，数字技术的发展给版权保护带来了挑战的同时也带来了技术保护的可能性。至今，我国已经形成了一套较为成熟的数字版权管理技术体系。数字版权管理（digital rights management，DRM）是指采用一定的技术手段，限制某些数字化内容只能被具有权限的用户使用，以期保护数字版权人的权利的管理技术。网络版权保护的技术手段主要有两类，一类是数字水印技术，另一类是数字加密技术。数字水印（digital watermark）技术是将一些隐匿的不被肉眼感知的标识嵌入数字内容（包括文档、音乐、多媒体等）中，该标识只能通过专业的软件才能提取又不会改变作品原态，可以起到辩证真伪、作品追踪、侵权取证的用途，是如今使用最广泛的保护版权的技术之一。数字加密技术是利用加密法，为每一个数字内容创建特定的密钥，只有拥有密钥的授权用户才可以进行访问，这样就防止了用户使用未授权作品。不同于数字水印技术侧重于事后取证和追踪的作用，数字加密技术可以做到事前预防侵权，是网络环境下保护数字版权行之有效的方法。

目前，我国已出台了一些与数字版权相关的法律法规，为数字版权纠纷提供了相应的法律依据。同时，我国也加强了数字版权保护的行政手段，促进了数字版权的保护，保护了版权人的合法权利。此外，一批具有先进性发展模式的数字出版商涌现，扩展了更多的商业模式，规范了数字版权的授权和利益分配方式，在保护数字版权的同时，实现了作者和出版商"合作共赢"的局面。

参考文献

彩万志，崔建新，刘国卿，等，2017. 河南昆虫志半翅目：异翅亚目［M］. 北京：科学出版社：1–783.

彩万志，庞雄飞，花保祯，等，2011. 普通昆虫学［M］. 2 版. 北京：中国农业大学出版社：1–490.

曹海燕，周建理，2012. 计算机辅助绘图在药用植物科学绘画中的应用［J］. 安徽中医药大学学报，31（2）：59–60.

陈广文，2004. 动物学实验指导［M］. 兰州：兰州大学出版社：1–280.

陈广文，李仲辉，2008. 动物学实验技术［M］. 北京：科学出版社：1–231.

崔建新，曹亮明，李卫海，2018. 天敌昆虫图鉴（一）［M］. 北京：中国农业科学技术出版社：1–228.

崔俊芝，葛斯琴，2012. 图像处理软件 Adobe Photoshop 和 Adobe Illustrator 在昆虫绘图及图像处理中的应用［J］. 应用昆虫学报，49（5）：1 406–1 411.

董文彬，2018. 数码绘画技术在昆虫科学绘图中的应用［D］. 新乡：河南科技学院：1–42.

董文彬，崔建新，2019. 介绍一种新的昆虫黑白点线图数字绘图方法［J］. 应用昆虫学报，56（5）：1 108–1 114.

范滋德，1992. 中国常见蝇类检索表［M］. 2 版. 北京：科学出版社：1–992.

冯澄如，1959. 生物绘图法［M］. 北京：科学出版社：1–121.

国际生物科学协会，2007. 国际动物命名法规［M］. 4 版. 卜文俊，郑乐怡，宋大祥，译. 北京：科学出版社：1–135.

李丹，2022. 南太行地区天蛾科物种鉴定及数字绘图技术应用［D］. 新乡：河南科技学院：1–92.

李琦，李明，曾旋，等，2007. 昆虫科学画钢笔技法［M］. 北京：中国农业出版社：1–155.

李文柱，2017. 中国观赏甲虫图鉴［M］. 北京：中国青年出版社：1–421.

李正跃，阿尔蒂尔瑞，朱有勇，2009. 生物多样性与害虫综合治理［M］. 北京：科学出版社：63–75.

娄国强，吕文彦，2006. 昆虫研究技术［M］. 成都：西南交通大学出版社：1–362.

区伟乾，1957. 生物图绘制法［J］. 动物学杂志，1（3）：179–182.

区伟乾. 1957. 生物图绘制法（续）［J］. 动物学杂志，1（4）：241–245.

全国人大常委会，2020. 中华人民共和国著作权法（最新修正本）［M］. 北京：中国民主法制出版社：1–63.

上海新闻出版教育培训中心，2018. 互联网环境下传统出版的版权保护和版权贸易［M］. 上海：上海人民出版社：1–312.

桑卡·米兰，赫拉瓦卡·瓦克拉夫，搏伊尔·罗格，2016. 图像处理、分析与机器视觉［M］. 4 版. 兴军亮，艾海舟，等，译. 北京：清华大学出版社：1–645.

宋军，2020. Easy PaintTool SAI 中文全彩铂金版绘画设计案例教程［M］. 北京：中国青年出版社：1–232.

孙英宝，2012. 植物科学绘画中墨线图的绘画方法［J］. 广西植物，32（2）：173–178.

孙英宝，胡宗刚，马履一，等，2010. 冯澄如与生物绘图［J］. 广西植物，30（2）：152–154.

孙英宝，马履一，覃海宁，2008. 中国植物科学画小史［J］. 植物分类学报，46（5）：772–787.

汤新坤，葛兵，安亚超，2022. 数字产品版权智能交易技术发展研究［J］. 广播电视信息，29（10）：23–25.

王思宇，2016. 不可"言传"的科学史：科学绘画的本质与功能［J］. 自然博物，3（00）：9–15.

休伊森·威廉，2016. 休伊森手绘蝶类图谱［M］. 寿建新，王新国，译. 北京：北京大学出版社：1–344.

徐小安，刘涛，康哲，等，2007. 绘图软件 CorelDRAW12 在昆虫绘图中的应用初探［J］. 贵州医科大学学报，32（1）：104–105.

薛万琦，赵建铭，1996. 中国蝇类［M］. 沈阳：辽宁科学技术出版社：1 366–2 425.

张爱兵，杨亲二，2007. 新版国际植物命名法规（维也纳法规）中的变化［J］. 植物分类学报，45（2）：53–61.

张春田，等，2016. 东北地区寄蝇科昆虫［M］. 北京：科学出版社：1–698.

赵惠燕，胡祖庆，2021. 昆虫研究方法［M］. 2 版. 北京：科学出版社：1–303.

周尧，2000. 周尧昆虫图集［M］. 河南：河南科学技术出版社：1–544.

BOBER S, RIEHL T, 2014. Adding depth to line artwork by digital stippling-a step-by-step guide to the method [J]. Organisms Diversity and Evolution (14): 327–337.

BOUCK L, THISTLE D, 1999. A computer-assisted method for producing illustrations for taxonomic descriptions [J]. Vie et Milieu, 49(2/3): 101–105.

COLEMAN C O, 2003. "Digital inking": How to make perfect line drawings on computers [J]. Organisms Diversity and Evolution, 3(4): 303–304.

COLEMAN C O, 2006. Substituting time-consuming pencil drawings in arthropod taxonomy using stacks of digital photographs [J]. Zootaxa, 1 360(1): 61–68.

COLEMAN C O, 2009. Drawing setae the digital way [J]. Zoosystematics and Evolution, 85(2): 305–310.

COSTELLO M J, MAY R M, Stork N E, 2013. Can we name earth's species before they go extinct? [J]. Science, 339(6 118): 413–416.

DOLPHIN K, QUICKE D L, 2001. Estimating the global species richness of an incompletely described taxon: an example using parasitoid wasps (Hymenoptera: Braconidae) [J]. The Biological Journal of the Linnean Society, 73: 279–286.

FISHER J R, DOWLING A P, 2010. Modern methods and technology for doing classical taxonomy [J]. Acarologia, 50(3): 395–409.

HAMILTON A J, NOVOTNY V, WATERS E K, et al., 2013. Estimating global arthropod species richness: refifining probabilistic models using probability bounds analysis [J]. Oecologia, 171(2):357–365.

HAMMOND P M, 1992. Species inventory [M]//Groombridge B. Global biodiversity: status of the earth's living resources: a report. London: Chapman and Hall: 17–39.

Holzenthal R W, 2008. Digital illustration of insects [J]. American Entomologist, 54(4): 218–221.

MONTESANTO G, 2015. A fast GNU method to draw accurate scientific illustrations for taxonomy [J]. Zookeys (515): 191–206.

MORA C, TITTENSOR D P, ADL S, et al., 2011. How many species are there on earth and in the ocean? [J] PLoS Biology, 9(8): e1001127.

MORA C, ROLLO A, TITTENSOR D P, 2013. Comment on "Can we name earth's species before they go extinct?" [J]. Science, 341(6 143): 237.

O'HARA J E, SHIMA H, ZHANG C T, 2009. Annotated catalogue of the Tachinidae (Insecta: Diptera) of China [J]. Zootaxa, 2190(1): 1–236.

PURVIS A, HECTOR A, 2000. Getting the measure of biodiversity [J]. Nature, 405(6 783): 212–217.

SIDORCHUK E A, Vorontsov D D, 2014. Computer-aided drawing system-substitute for camera lucida [J]. Acarologia, 54(2): 229–239.

STORK N E, 2018. How many species of insects and other terrestrial arthropods are there on earth? [J] Annual Review of Entomology (63): 31–45.

STORK N E, GASTON K J, 1990. Counting species one by one [J]. New Scientist, 127(1 729): 43–47.

STORK N E, MCBROOM J, GELY C, et al., 2015. New approaches narrow global species estimates for beetles, insects, and terrestrial arthropods [J]. Proceedings of the National Academy of Sciences of the United States of America, 112(24): 7 519–7 523.

TERESHKIN A M, 2008. Methodology of a scientific drawings preparation in entomology on example of ichneumon flies (Hymenoptera, Ichneumonidae) [J]. Euroasian Entomological Journals, 7(1): 1–9.

TERESHKIN A M, 2009. Illustrated key to the tribes of subfamilia Ichneumoninae and genera of the tribe Platylabini of world fauna (Hymenoptera, Ichneumonidae) [J]. Linzer biologische Beiträge, 41(2): 1 317–1 608.

TSCHORSNIG H P, 2017. Preliminary host catalogue of Palaearctic Tachinidae (Diptera) [J]. The Tachinid Times, 30(1): 1–480.

后 记

　　本书绘制对象同蝽的中文学名是"宽铗同蝽"，其拉丁科学学名为 *Acanthosoma labiduroides* Jakovlev, 1880，这个种的分类地位是半翅目异翅亚目同蝽科，主要为害云南油杉 *Keteleeria evelyniana* 和桧柏 *Sabina chinensis*。宽铗同蝽在我国分布较为广泛，主要分布在黑龙江、吉林、甘肃、宁夏、河北、北京、山西、陕西、河南、湖北、湖南、浙江、江西、四川、广西、贵州、云南等省区市，国外在俄罗斯（西伯利亚）、日本、朝鲜、韩国也有分布记载。本书以该种的雌虫标本作为绘制对象，向读者展示利用昆虫数字绘图技术的绘制过程。虽在全书的行文过程没有特意强调这个物种的分类地位和中文学名，但是昆虫的科学命名的的确确是一个关键且重要的问题。自从瑞典人林奈（Carl von Linné）在 1758 年出版第 10 版的《自然系统》后，世界上开始普遍采用双名法对生物物种进行科学命名。简单地说是用 2 个拉丁文单词来表示一个物种，第一个表示物种所在的属，第二个表示物种本身的名，如 *Acanthosoma* 代表同蝽属，*labiduroides* 代表同蝽属中的"宽铗同蝽"这个种的"种本名"。在拉丁文科学学名之后通常还有定名人和定名年代。如 Jakovlev 最初给"宽铗同蝽"确定科学名称时，把这个物种叫作"*labiduroides*"，放在"同蝽属"（*Acanthosoma* Curtis, 1824）中，确定这个名称的年代是 1880 年。而"同蝽属"是 Curtis 在 1824 年建立的一个属。

　　属是由相似的种构成的，随着新物种的不断深入，一些属的划分标准会发生变化，比如增加一些特征或减少一些特征。这是由于对该属不同物种的形态学和生物学知识的不断深入造成的。一些比较庞大的属会拆分为数个较小的属，另外一些较小的属，则和其他小属进行合并，成为一个新的属。这种分类学变化在昆虫分类中广泛而大量地存在。所以经常会发生不同作者对同一个中文学名标注不同的拉丁学名，或对同一个拉丁学名标注不同中文学名的情况。由于中文学名由多个汉字组成，没有明显的属名和种名的划分，使得很多普通读者很难理解昆虫学名的分类隶属关系及学名变动关系。目前昆虫已知种类超过 100 万种，中文学名的命名和修订面临极大的挑战。

笔者真诚地期望本书能够对中文学名的稳定作出贡献，希望昆虫工作者和昆虫爱好者尽快掌握绘图新技术，在新的研究中尽可能多地使用图文并茂的方式，分享各自的科学发现。

笔 者

2023 年 3 月